河北省木兰围场国有林场
北京中林联林业规划设计研究院 编

 中林联林业智库丛书

木兰林场
育林精要

侯元兆　赵久宇　王　辉　崔立志　主编

中国林业出版社

图书在版编目（CIP）数据

木兰林场育林精要 / 河北省木兰围场国有林场, 北京中林联林业规划设计研究院编 ; 侯元兆等主编. -- 北京 : 中国林业出版社, 2022.3

ISBN 978-7-5219-1618-8

Ⅰ. ①木… Ⅱ. ①河… ②北… ③侯… Ⅲ. ①森林经营—研究—承德 Ⅳ. ①S75

中国版本图书馆CIP数据核字(2022)第051330号

策划编辑： 李敏

责任编辑： 李敏　王美琪

出版　中国林业出版社（100009　北京市西城区刘海胡同 7 号）

　　　　http://www.forestry.gov.cn/lycb.html　　电话：（010）83143575、83143548

印刷　河北京平诚乾印刷有限公司

版次　2022 年 3 月第 1 版

印次　2022 年 3 月第 1 次印刷

开本　889mm×1194mm　1/16

印张　9.75

字数　218 千字

定价　120.00 元

编委会

序

近日收到《木兰林场育林精要》书稿，很是高兴，希望此书的面世，对促进华北地区乃至全国森林经营起到积极作用。

森林经营一直是林业工作的短板。

新中国成立70多年来，林业取得了举世瞩目的成就。森林面积蓄积量持续增长，根据第九次森林资源清查结果：全国森林面积2.2亿hm²，森林覆盖率22.96%，森林蓄积量175.6亿m³。70多年全国森林面积与蓄积量均翻了一番，其中人工林面积达到7954万hm²，居世界首位，还生产了20多亿立方米木材，大力发展木材加工业，众多林产品产量居世界前列。与此同时，教训也极其深刻。改革开放前，为满足国内经济建设与人民生产生活需求，生产了大量木材。由于实施了集中过量采伐，加之森林更新跟不上，经营工作缺失，到20世纪80年代，以东北、内蒙古为代表的重点国有林区深深陷入了资源危机和资金危困的"两危"困境。为了恢复与发展东北、内蒙古为代表的重点国有林区森林资源，国务院决定从2000年起全面铺开天然林资源保护工程，还决定从2015年东北、内蒙古重点国有林区停止天然林商业性采伐，至今已推广到全国各天然林区。

从9次"连清"数据来看，天然林资源保护工程（以下简称"天保工程"）实施20年来成效明显，森林蓄积量增长51亿m³，而前25年仅增加26亿m³，但由于工程重点不在森林经营，所以仍有很大提升空间。当前的主要问题：一是森林生产力不高，我国乔木林平均每公顷蓄积量只有94.83m³，约是世界平均水平的86%；二是森林结构单一，混交林占有林地面积的41.92%，因而森林生态系统稳定性差。总的来看，当前森林资源结构仍然存在着：纯林多，混交林少；单层林多，复层林少；中幼林多，成过熟林少；小径材多，大径材少；一般用材林多，珍贵树种少等"五多五少"现象。这样的资源状况，影响了森林多种效益发挥，难以实现森林可持续经营，既不能满足社会对林产品不断增长的需求(50%木材需要进口)，也不能满足社会不断增加的生态、物质、文化等多样化需求。

更为担忧的是当前普遍存在的一些片面认识与做法，严重影响森林经营正常开展：强调生态，忽视产业；将采伐与培育对立起来；以消极森林管护代替积极地森林培育；重视森林自然修复忽视人为促进；森林抚育不能出规格材；注重林下经济与森林旅游而忽视木材及其加工业等。现在占全国有林地面积64%的天然林已停止木材生产，即使天然林抚育采伐也禁止出商品材，木材加工也萎缩乃至停产。东北、内蒙古重点国有林区全靠国家天保工程停伐补贴维持。

森林不仅具有涵养水源、保持水土、防风固沙、净化空气、固碳释氧、应对气候变化和保护生物多样性等生态效益，同时还能提供木材及众多林产品，满足社会的需求。面对多功能的森林，林业工作者的使命概括起来有以下两点：

首先就是通过森林经营，充分发挥其多功能，使森林生态效益、经济效益和社会效益最大化。这就要求我们把森林培育成一个稳定、健康、高效、可持续发展的森林生态系统，这样一个生态系统是森林生态、经济和社会效益最大化的基础。一个稳定、健康、高效、可持续发展的森林生态系统应当有一个合理的林龄结构、树种结构、林分密度、林下木和草本结构、土层结构等。由当地的地带性植被构成的顶极群落，就是一个好的生态系统样板。一般现实林分不可能达到这样的结构，需要辅助一些人为措施，通过抚育，调整林分树种结构、林龄结构和林分密度，促进森林尽快达到理想状态，这些措施的总和就是森林经营。因此，合理的森林采伐是森林培育的重要手段，不要把两者对立起来，更不能将森林合理采伐视为破坏森林的犯罪行为。同时，长期以来，在造林、抚育管理、采伐利用林业生产全过程中，林业工作者重点抓森林经营的首与尾，即植树造林与森林采伐，中间时间最长的抚育管理过程（即狭义的森林经营）被忽视。这种粗放经营管理，使大量的中、幼龄林得不到及时抚育，绝大多数的天然次生林也得不到科学的抚育管理，形成了树种单一、结构简单、疏密度极不合理的低质量林分。在这方面有着深刻的教训，由于我们长期忽视森林经营致使我国森林质量低，既不能保障我国生态安全、应对气候变化，也不能保障木材安全，满足社会对林产品的需求。

其次，林业工作者的另一使命是在森林可持续经营基础上实现林业可持续发展。林业的健康持续发展必须两手抓：一手抓森林培育和经营，一手抓木材科学利用。无论是山区建设、农民脱贫致富，还是林区开发建设都必须遵循这个规律。培育健康、稳定、高效、可持续发展的森林生态系统是基础，科学利用是森林可持续经营的必然，没有收获的林业是不能持续发展的林业。如同农业种粮，播种后进行积极的田间管理，以便取得好收成，成熟后就收割。林业上也是如此，植树造林后，要加强经营管理，调整林分结构和密度，使之生长得更快更好，达到成熟后进行采伐利用，这样才能形成健康可持续发展的林业。

木材、钢铁和水泥，历来就是经济建设和人民生产生活中不可或缺的重要原材料，不可想象当社会上出现木材及其制品短缺、供不应求，将会带来什么样的后果。何况较之钢铁、水泥和现代出现的塑料，木材是可再生、最为环保的原材料，应该大力发展，推广利用。

综上所述，森林经营是林业工作永恒的主题，林业可持续发展的基础，林业工作重中之重，必须贯穿林业生产全过程。希望这些观点能成为林业行业者的共识，并持之以恒地抓下去。

由徐成立、邬可义、侯元兆、赵久宇、德国的Heinrich Spiecker（海因里希·斯皮克尔）、法国的Yves Ehrhart（伊夫·艾哈勒）等人组成的团队，在河北省木兰围场国有林场指导森林经营工作10余年。《木兰林场育林精要》是10年来全场森林经营工作的凝练和总结，全书共三部分，分别是木兰林场森林经营概况、天然次生林的基础理论、木兰林场森林经营理念与技术。这是他们10年辛勤劳动的结晶，值得大家借鉴。同时，国家主席习近平向全世界庄严承诺，中国要在2030年实现碳达峰，2060年实现碳中和，在这个背景下，林业碳汇潜力巨大。加强森林经营、提高单位面积蓄积量是提高林业碳汇十分有效的途径，必须大力提倡！

刘于鹤

2021年12月

目录

第一部分

木兰林场森林经营概况

图1-1 河北省木兰围场国有林场

河北省木兰围场国有林场（简称"木兰林场"），始建于1963年，原名河北省孟滦国营林场管理局，2006年更名为河北省木兰围场国有林场管理局，2019年事业单位改革，又更名为河北省木兰围场国有林场（图1-1）。1963年建场之初，有林地面积仅2.0万hm²，森林覆盖率35%，林木蓄积量不足70万m³。到2020年年底，全场总经营面积10.6万hm²，有林地面积9.0万hm²，森林覆盖率85.5%，总蓄积量763万m³。

2010年以前，木兰林场和国内大多数国有林场一样，主要沿用传统"用材林轮伐轮造"经营模式，重点关注人工造林和采伐，对于构建高质量、多功能、可持续森林生态系统缺乏科学的理念和技术，形成了森林资源林龄小、径级小、蓄积量低、树种单一的现实。森林生产力和林地利用率发挥不足，各种效益低下。为改变这种经营状况，木兰林场主动出击、大胆实践，积极吸引社会的支持和帮助，借鉴欧洲的近自然育林理念和先进的育林技术，通过不断地探索、实践，创立了一套全新的育林体系。

按照新的育林体系，木兰林场立足实际，科学编制了《木兰林场森林经营方案（2015—2024年）》（2020年进行中期调整，进一步丰富和完善了理念和技术，规划年度延长至2030年），方案得到了国家林业和草原局及河北省林业和草原局的批复，顺利开始实施。以方案为抓手，紧抓落实，加快发展，在生态保护和森林培育方面取得了长足进步，森林数量和质量得到了全面提高。一是从2010年到2020年，木兰林场荒山造林累计1.1万hm²，并且这些小班大多立地条件差、土层薄、石块多，但是整体成活率都达到了95%以上，全场基本实现宜林地灭荒。经营中，在培育好乡土树种的基础上，强化引进珍稀树种，不断丰富适生树种。现主要目的树种由5种增加到13种：落叶松、油松、云杉、樟子松、红松、核桃楸、黄波罗、水曲柳、白桦、黑桦、蒙古栎、五角枫、椴树等，珍稀树种比例由17%增长到22.5%。二是精准抚育森林8.6万hm²次，可经营森林基本抚育一遍。抚育后6年内平均蓄积量年生长率由原来的4.79%增加到5.45%，增长13.8%，每年大约多增加蓄积量5.4万m³。其中效果最为明显的北沟分场林龄20年华北落叶松监测样地，蓄积量年生长率由原来的7.79%增加到11.44%，增长46.9%。三是推广目标树经营1.5万hm²，储备优质大径级蓄积量约462万m³。四是积极实施"天然林保护"，自2010年就自发停止了所有森林的商业性采伐，"十二五""十三五"期间累计减少消耗蓄积量65万m³。五是现有退化林0.5万hm²，已完成林下更新0.2万hm²，高效推进天然矮林和中林向优质乔林转变，林分质量明显提升，森林更加健康稳定，生态功能发挥更加充分。六是人工纯林通过延长培育周期，林下更新树种增多，多树种异龄复层混交转变趋势明显，现混交人工林比例达到60.3%。七是通过森林面积增加、活立木蓄积量增长、森林质量提升，有效推动生态价值不断增加。八是打造精品流域30个，覆盖面积2.8万hm²。九是修建林路683km，路网密度达到6.4m/hm²。

木兰林场森林经营成绩的取得，也得到了上级领导、专家及林业同行的一致认可，先后被国家林业局（现国家林业和草原局）评为"全国林业系统先进集体"；被全国总工会授予"全国五一劳动奖状"；被确定为"全国森林可持续经营试点单位""森林质量精准提升及监测试点单位""国家人工林可持续经营试点单位""国有林场GEF项目试点林场""森林经营方案编制示范林场""中国北方森林经营实验示范区""全国森林经营试点单位"、国家林业和草原局干部管理学院的"森林可持续经营现场教学基地"等。

我国的森林经营在经过若干年的试点以后已全面推开。但是，我们现有的林学知识体系在指导当前森林经营实践中还有待进一步丰富和发展。

我国现有天然林资源29.66亿亩（1亩=1/15hm²），占全国森林面积的64%、森林蓄积量的83%以上，我国的次生林占比大致也是这样。无论哪个国家，原始林破坏以后都会变成次生林。所以，一个林学体系拥有一个完善的次生林经营理论至关重要。虽然，我国很早就开始次生林经营理论和实践的研究了，但是近30多年来这样的研究逐渐变少了。

早在1959年，林业部在甘肃省小陇山召开了一次北方14省天然次生林经营工作会议。1962年国务院副总理谭震林专门就次生林经营作了批示，此后我国就开始了20年的次生林经营探索。这件事由林业部主抓，中国林业科学研究院的吴中伦、洪菊生、黄鹤羽、李国猷及甘肃省部分专家参加。他们在小陇山林业实验局的几个林场开展了多方面的森林经营实验（1982年鉴定）。今天来看，当时的那些森林经营探索，路径正确，成果较为先进。例如，当时就认识到天然次生林是以萌生为主的（矮林），其演替具有镶嵌性、消退性；还认识到栎类次生林如果完全依靠自然演替，会经过5个阶段，最终可能退化为荒坡灌丛；天然次生林的抚育间伐强度以30%左右，其经济、生态效果最好等。实验还提出了一套完整的森林培育措施，按照这些措施，栎类立木生长量比原来增加24.3%，混交林增加46%。吴中伦等人的实验，还给出了经营类型划分、抚育间伐技术、林分转变技术、更新造林、采伐方式等森林经营技术以及各种林分类型的具体经营方法。

与今天的国际、国内森林经营理论和技术相比，虽然这些实验结果没有明确提出近自然育林理念、矮林—中林—乔林类型划分、目标树作业体系、多功能森林概念、模仿自然加速发育原则等，但是，其实已经蕴含了这些思想萌芽。尤其是当时他们选择的中国森林资源发展方向，我们绕了30年，今天又不得不回到这个起点。

除了小陇山，吉林省延边朝鲜族自治州的汪清林业局，20世纪七八十年代，也曾面对大规模的森林采伐，提出了采育结合的理念。这个理念也带来了汪清林业局的立木蓄积量由当初3000万m³，在采出了3000万m³后，今天仍保有3600万m³的效果。

20年前，以哈尔滨市林业局原副局长邬可义为首的一个团队，自发在哈尔滨市所属的3个国营林场，开展了大约1万hm²的次生林经营实验，这项实验的亮点是次生林的近自然培育。这一探索还曾经作为2009年国家林业局的森林经营全国考察点。

我国在20世纪60年代开始发展人工林，大规模发展是在80年代以后（南方的杉木人工林经营历史悠久，是个特例）。而我国80年代以来发展的人工林，到今天才进入所谓的"主伐"利用期，也就是这些人工林到底如何经营，才到了一个必须面对和思考的节点。一般说来，较差的二代人工林已经成为一个令人头疼的问题，并且迄今无人能够给出解决办法。所以在我国，人工林的经营问题也亟待探索。

木兰林场自2010年以来，在深思自身的境遇之后，启动了森林经营新探索。这次探索，已经为木兰林场10.6万hm²的森林资源勾勒出了一条可持续发展之路。从林业科学上讲，其更加深远的意义在于进一步填补和丰富了作为林学核心的经营理论与技术。

到目前为止，可以看出，木兰林场森林经营探索的主要科学价值是：

以萌生实生区分林木起源，把森林分为矮林、中林和乔林，并分别确定经营技术路线。

树木的不同起源，决定了它的不同发育轨迹。例如，起源于萌生的林分（矮林），会早期速生，但寿命短、衰退快，通常林木也不会高大。而起源于种子的林木（乔林），前20年左右生长速度一般都比不过萌生林，但实生树木幼化程度高，中后期的生长优势极强，寿命也很长。

木兰林场在经营中，明确地把森林分为矮林、中林和乔林这三大类型，这个理论认识很彻底。在木兰林场，务林人的思维都具备了这一逻辑体系，他们正在深入认识矮林、中林和乔林的演替规律及人工促进实生更新的经营技术。

在木兰林场都可以看到上述的各种林分。例如，历经采伐形成的矮林（是低质的萌生林，不是灌木林），这样的矮林，过去就是皆伐后重造。但这样的做法并非是最好的，有办法利用原有植被基础（保留原植被可规避水土流失和生物多样性破坏）培育出以乡土树种为主的乔林，这也是近自然育林的一个体现。木兰林场还有间杂着起源于萌蘖和实生树木的低质中林，过去也是皆伐后重造人工纯林。现在是保留那些有培育价值的实生树木，以及不影响这些树木生长的其他萌生树木甚至灌木，直接就经营出一个质量较好的林分（这种林分在抚育之后的两三年内有可能会出现大量的实生幼树）。而清山、整地、重造的对照地，可以看到，由于林地裸露、全光照射，很可能造林难以成功，甚至需要多次补植。同时由于缺乏森林环境，伐根萌蘖、灌草丛生，幼树成林困难或者十年都无法郁闭，且有水土流失隐患，即使成林至少短期内也不可能产出较好的林产品。

木兰林场还有大面积的桦树林，大多数都是萌生的，是典型的矮林。对这样的矮林，做法就是让那些有培育价值的萌生桦树更好生长，在稀疏的地方更新针叶树种或其他珍稀阔叶树种（如椴树、黄波罗、核桃楸、水曲柳等）。当然，木兰林场还有栎类矮林，林木弯曲、老化，这类矮林在国内很有代表性，木兰林场也开展了相应实验。

就矮林经营这一板块而言，木兰林场已经触及到林学中最为核心、最为复杂、最有难度的深水区。木兰林场探索的科学意义，主要在于上面谈及的把森林进一步分类，再谈经营的路径，这比笼而统之的传统认识，跨出了历史性的一大步，这也是对中国林学的一个贡献。

吸收欧洲的目标树经营理念，创新出适合国情的森林经营模式。

德国在转变近200年来营造的大量针叶人工纯林的事业中，鉴于对自然生态环境的追求和高昂的人工成本，逐步形成了一种低成本的、主要依靠自然力的人工林经营理念，就是近自然育林理念及其配套的目标树作业体系。他们在1hm²的林地上，只关注百余株目标树，其他林木任其自由发展，不予理睬。

在欧洲的国情下，这种理念是可行的。但是，中国有自己的国情、林情：一方面优质优价的木材市场机制短期内难以形成，因为中国缺乏木材，小径材和边角料都可以利用；二是我们的确需要通过林地获得收益维持生存；三是我国的劳动力成本还不算太高。因此我们不可能每公顷只培育100株左右的林木。而我国原有的人工纯林40年就皆伐的模式（以落叶松为例），也不符合当前的可持续经营、近自然育林、生态保护优先等现代发展理念。

木兰林场到目前为止，已经探索到了落叶松、油松、樟子松、云杉等主要树种人工林的科学经营模式，就是"以目标树为架构的全林近自然经营"模式。这个模式的经济生态效果，虽尚未经科学测试和认定，但是已经看得出，它创造了在植被无间断的前提下，每隔5年左右，通过间伐生产出质量越来越好的木材，并且能很好地构建天然实生更新，是人工纯林走向近自然机制的一个出路。从当前掌握的数据推算，在传统模式的两个经营期（80年）内，按照新模式，每公顷能生产约281m³的优质大径材，整个经营期内产生的经济价值是传统经营的7.6倍左右，且规避了40年皆伐后重新造林带来的至少20年的无收益期，同时不会出现森林植被的间断，生态功能持续发挥。新模式的优越性、合理性很容易被理解，也已经被大部分的来交流学习的同行所认同。木兰林场有一片万亩样板林，附近还有传统经营的对比样地，可供实地考察交流。

理论上来讲，木兰林场对人工林经营的大胆探索，是对我国传统人工林经营理念的根本性创新，同时也是对中国林学关于人工林理论的革命性创造。

木兰林场通过转变技术把次生林转向优质乔林的现代经营理念。

我国森林经营中经常使用"改造"这个术语，这很容易误导经营实践。"改造"可能是指转变（conversion），但也可能是指改造（transformation，即采伐重造）。不同的理解，带来的可能是又一次的生物多样性破坏，这不只是一个名词而已。

欧洲林学中的"转变"指的是由矮林或中林转变成优质乔林。这种"转变"同时伴随着林分结构和作业方式的改变，不同的技术实现的是不同的结构（整齐乔林、异龄混交择伐林等）。

"转变"的概念和技术体系，在森林经营知识体系中是一个核心概念，尤其是它吻合了今天的近自然育林、碳汇林业、低碳林业、生态保护等理念。

木兰林场的次生林经营，在理念上已经采用"转变"的概念，经营过的森林也充分体现了这一技术特征。

木兰林场通过"转变"这一近自然技术体系经营矮林和中林，实际经营中已清晰定位，是经营理念的历史性进步。

本书试图指出木兰林场的森林经营实践，具有创新国内森林经营关键理论的科学意义。但是这里也需要指出，这项实践才刚刚开始十几年，今后的探索还任重道远，走一些弯路也不无可能。社会应辩证地看待这一探索。此外，有更多人的参与，甚至更多国际专家的参与，也是把路子走准的必要条件。

另外，需要说明的是，本书涉及的理念和技术是基于很多研究课题的成果，主要有中央财政林业科技推广示范项目："木兰林场近自然森林经营标准的示范区建设"（编号：冀SFQ〔2020〕001）、"落一桦混交林优化抚育及改良技术推广"（编号：冀TG〔2021〕001）、"木兰林场植被碳汇量计算及管理平台建设"（编号：冀TG〔2022〕014）；河北省林业和草原科学技术研究项目："基于近自然理念的恒被林经营技术研究"（编号：2103045）。

第二部分

天然次生林经营的基础理论

我们都知道，森林区分为天然林和人工林。天然林又分为原始林、近原始林和天然次生林。我们在这里论述的核心是天然次生林问题。

天然次生林又区分为矮林、中林和乔林。

一般说来，在广大的农业、牧业地区，森林都是在历史上被反复采伐过的。被采伐过的森林，其中的阔叶树具有萌生的特性，于是就形成了萌生林，即矮林。针叶树一般不具有萌生能力（但杉木例外）。我国的矮林还是很多的，这是一个不争的事实，也是我国的基本林情。

萌生林即矮林，生长特性不同于种子实生林，其经营策略也不同，本书将主要阐述怎么经营矮林。

我国林业现在有两个"游泳池"，一个是人工林"游泳池"，占全国森林面积的36%；一个是天然林"游泳池"，占全国森林面积的64%。30年前，我国林业专家很多都在人工林"泳池"里游泳，学校主要也是教学生如何在人工林"泳池"里游泳，大家对天然林"泳池"的研究和关注还比较少。直到20年前，国家要求林业专家们到天然林"泳池"游泳，可是这么多年了，我们对天然林的研究还是比较少。这几年，国家再次强调天然林保护并强调精准提升森林质量，开展退化林修复。我们究竟应该怎样认识天然林"泳池"呢？

20世纪90年代，曾有一个国际项目，项目执行地在海南岛，执行期延续了12年。项目有一个板块是热带天然林经营，当时我们尚没有足够的天然林经营知识储备。所以，就把天然林经营样地整成了人工林的样子（图2-1），国际专家不予认可。好在海南省人民代表大会及时决定保护海南的全部天然林，海南的天然林这才得以保全。这也说明，我们对天然林的认识确实还存在不足。

即便是10年前，当我国开展森林经营的时候，一些人简单地进行林下割灌，以为这就是天然次生林经营，这反映了我们对天然林经营这个领域认识还有缺陷（图2-2）。

森林经营，原本是要针对不同类型采取不同经营措施。可是，我们没有针对次生林的类型划分体系。我国现有的天然次生林经营知识笼统、含混，反映这个问题的文献也很稀缺。以前还有各种作业法的提法（如矮林作业、中林作业、乔林作业），却没有表示不同树木起源的划分，即区分起源于萌生的矮林、起源于萌实混生的中林和起源于实生的乔林。我们没有这些概念，特别是近二三十年以来的文献，是找不到的。

其实中华人民共和国成立初期就有林学家关注过天然林经营，如林学家曹新孙曾提出过"择伐林"理论（就是现在说的异龄混交林经营理论），他主张从天然次生林的不同起源入手规划次生林经营。即便不说那么远，20世纪80年代也有林学教授仍坚持对次生林起源的认知，如当时北京林业大学的于政中教授。最近我们还查到了1989年王礼先教授翻译的奥地利学者——迈耶尔的《造林

图2-1　当初，把海南热带天然林经营成了人工林的样子

图2-2　林下割灌

学——以群落学与生态学为基础（第三分册）》，该书明确把次生林划分为矮林、中林和乔林，提到
了欧洲关于不同起源林分类型的郁闭模式，明确提出次生林经营的主要模式是"转变"，而"改造"
只适用于个别情况。

　　从20世纪60年代一直到80年代初，中国林业科学研究院以吴中伦为首的林业专家团队在甘肃省小
陇山次生林区所做的20年研究，也十分深刻地揭示了不同起源林分的演替动态。以锐齿栎为例，他们
揭示出，矮林早期生长较快，但若干年以后开始自我稀疏并走向衰退，最终可能会回到原点。这是一
个在系统调查不同林木起源林分的基础上设计经营措施的大型案例，他们提出了"综合经营"模式，
经营的次生林实物还在，近年我们几次前往调查，发现目前的立木蓄积量达到了180m³/hm²，德国专家
看了也感到意外。

下面，让我们依次阐述关于天然次生林的一套理论。

一、矮林

1. 矮林的概念

矮林，就是萌生林。它是树木被采伐或者自然灾害后，又萌生出来的植株形成的。在青藏高原，很多高山栎由于冬芽受到抑制而形成矮林。从根桩上萌生出来的，叫萌条；从根桩周边粗根上萌生的，叫根蘖。从远端根系上萌生的，叫串根苗（图2-3）。

图2-4～图2-6是几幅矮林图片，它们都是在老树桩上萌生出来的。

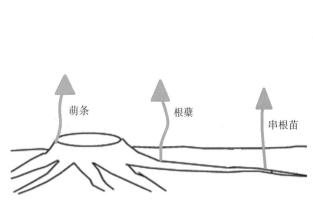

图2-3 矮林示意图

图2-4 矮林（一）

图2-5 矮林（二）

图2-6　矮林（三）

2．矮林的特征

（1）生长先快后慢

由于萌生树都是从原有树桩或树根上萌发出来的，这些萌生的树可以直接被老树树根提供营养和水分，因此它们初始生长速度很快，但是后期随着老树树根的退化它们的生长速度会急促下降（图2-7）。

（2）萌生部位不同，树木质量不同

萌生在树桩上的植株，会因树桩腐烂而影响其稳定性，导致本身也提前死亡。萌生于周边粗根部的植株，情况相对较好（图2-8）。在远端根上萌生的植株，接近于实生树木。事实上，有很多树木是远端根系上长出来的，它们到一定时候，根系断裂，就成为独立的植株，例如刺槐、毛白杨等。我们把此类树木形成的森林视同为乔林（图2-9）。

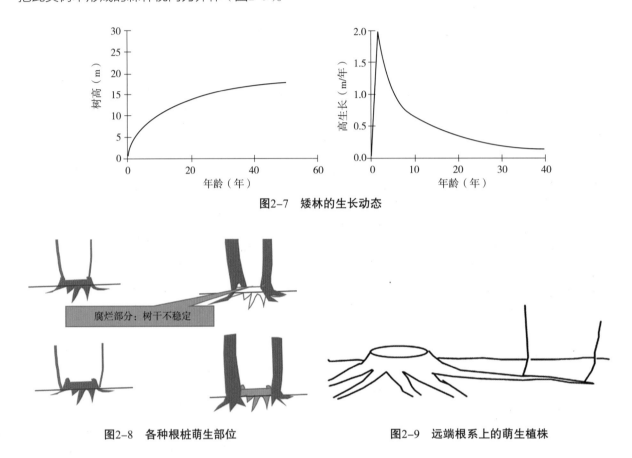

图2-7　矮林的生长动态

图2-8　各种根桩萌生部位　　　　　　　图2-9　远端根系上的萌生植株

（3）矮林年龄不同于树木年龄

如果一棵萌生树，根桩年龄为100岁，那么1年生的萌生树的年龄虽然是1岁，但是实际上已经携带了老根遗传信息，生命特征表现为100+1岁。矮林生理年龄=根桩年龄 + 树木年龄。因此，萌生树容易老化。

不仅如此，从一株树上砍下来的枝条，同样也带有母株的年龄信息。我国有很多这类树木，特别是杨、柳树，栽植十几年就老化，甚至死亡了，就是这个原因。

串根矮林，鉴于其所携带的母体年龄很小，因此生长性状类似于乔林。

（4）矮林的缺陷

有一些特用矮林，如薪炭林、柞蚕林、柳条林等。我们排除这些情况，这里论述的是需要转变为优质乔林的矮林。矮林有很多缺陷：① 矮林虽然前期生长速度快，但很早就进入衰退期；② 矮林丛生较多，一般很密，树冠基本不能充分发育；③ 矮林老龄后有性繁殖能力会下降；④ 矮林的主干通常下段弯曲，山地林尤甚，难以培育优质用材；⑤ 矮林主干低矮，培育用材林价值小；⑥ 矮林的生命周期较短，不利于森林生态系统的长期稳定；⑦ 树木萌生化的长期危害是导致优良树减少，遗传品质可能退化；⑧ 矮林是带来我国天然林资源质量低的主要根源。

3. 矮林的分类

矮林一般区分为单纯矮林和择伐矮林。

单纯矮林（taillis simple），其概念有两个含义：一是树木起源，即平茬后基于伐根形成的林分；二是作业法，即定期平茬、萌芽更新作业法。

择伐矮林（taillis furete）也有两个含义：指林分类型，即由伐根萌芽或萌蘖组成的林分；指作业法，即只收获较粗萌生杆材的定期平茬的作业法。这两个概念，一是表明起源，一是表明作业法。

矮林又有幼龄矮林、中龄矮林和老龄矮林之分。如果一株幼年阔叶树，贴地面采伐后，它会萌发出一丛幼树（图2-10～图2-12），它们长大后基干会呈现弯曲。如果萌生树年龄比较老，主干基部会有一个像倒扣锅的基座，或有一个1～2m长的弯曲基干（图2-13）。识别一棵树是萌生的还是实生的，主要是看基部有无伐桩，很多萌生树的伐桩都很明显。

矮林有幼龄林、中龄林和老龄林等不同阶段，经营方法不同

幼龄矮林
中龄矮林
老龄矮林

图2-10　幼龄矮林—中龄矮林—老龄矮林

图2-11 矮林（四）

图2-12 幼龄矮林

图2-13 主干基部粗大

矮林如果用于培育薪炭材或削片材，短期内就采伐了，那么就是利用了其前期速生的特性。但是，作为生态经济效益兼具的多功能森林，追求的是长周期，就要规避这种起源。

矮林的树木因为是从伐桩上萌生出来的，它的生物学特性与实生树不一样，参见图2-14。

我国的森林调查一般不调查树木实生、萌生这项指标，总是把它们视为和实生树木一样。这就导致森林经营隐藏着一个漏洞，相同的树种可能因为起源不同而导致经营结果存在差异。

我国的矮林中，有很多都基于百年老树桩生长。这样的萌生树，一是生长活力打了极大的折扣，立木生长势已经弱化；二是萌生树本身具有生长衰退的生理现象，这个生理特点叠加在第一个生理特点之上，衰退更为严重，因此这样的林分没有前途；三是过于老化的矮林，有性更新能力降低，种子质量很差，发芽率低［图2-15（左）］，难以依靠自然下种更新；四是这样的林分构成的生态系统，稳定性差，抗逆能力不足，导致生态效益低下［图2-15（右）］。

图2-14　萌生树的老龄伐桩

图2-15　老龄辽东栎矮林的种子，发芽能力弱（左）；老龄辽东栎矮林（右）

在吉林敦化，人们称这种老龄萌生林叫"老龄矮林"，定性十分准确，并采取了正确的经营措施，那就是引进其他树种逐步替代萌生栎类。因为这个时候的萌生老龄矮林，活力降低，萌生能力差。

4. 矮林的转变

矮林的近自然经营，原则是尽可能不全部清除原有林木，重新整地造林。在有种源的情况下通过不同强度的疏伐，促使优良母树树下种的种子发芽，形成优质更新。根据现有植被的活力及立地条件，疏伐的方式很多（不绝对排除小面积块状和带状皆伐）。在没有优质母树或天然更新不成功时，也需要人工补植。转变的过程兼顾小径材生产，最终把林分转变成以优质树种建群的异龄混交林。

具体方法是，如果矮林处于杆材未长成之前的萌发阶段，就是建群阶段，抚育工作主要是清理杂灌，消除对目的树种的影响，对过密的萌条、萌蘖适当定株，但注意保留较高密度，以借助竞争形成通直主干。对于已经达到杆材阶段的，可以逐步疏伐，为保留树树冠发育留出空间，下一步如果要选择目标树，就从这些保留树里选。

对于地势平坦、土壤肥沃的矮林，可以采取条、带状采伐，让地面见光，促使种子发芽（类似于带状皆伐），也可以间隔一定的距离开林窗，在林窗直播种子（相当于林窗造林）或者等待天然实生更新，间距可以参照目标树经营中相邻目标树的间距确定。

总之，一是抚育间伐，让留下来的质量相对较好的植株继续生长，同时在稀疏处天然更新（也可以人工引进其他树种形成混交）；二是每隔一定的距离，清理出一定宽度的无林带，在带内更新，并抚育幼苗帮助其生长（带宽因树种、立地条件和当前树高而异）；待无林带更新层郁闭以后再对保留带进行转变，以此类推；三是均匀地开出一些林窗，形成优质更新层，同时对周边灌木进行管理（割灌或折灌）。

对于过老伐桩上的矮林（有的伐桩已经几百年了，已部分腐朽），直接在林隙进行更新，等到这些树木基本长到杆材阶段时，再逐步清除老树。

所有的转变经营，在有种源的前提下要优先考虑天然更新，当天然更新条件不具备或更新树种不是目的树种时可以采用人工补植。

转变的目标就是引进实生树，逐步挤掉萌生树，转变为乔林，在这个过程中，结合物料生产或小径材生产，这种经营模式可以满足短期木材需求。

在立地条件较好的幼龄林或中龄林矮林中，如果还有一定的继续培育价值，则可选育出一些表现较好的萌生树木，按照实生树的办法予以抚育，同时也可增强生态功能。

矮林的近自然经营原则是以原有植被为基础。但仍有一些不同的做法：例如除了质量相对较好的保留树，其余全部清除；另一个就是控制采伐强度，逐步为保留树释放空间，并适当保留它们的伴生树（辅助树）。前一种做法是错误的，这会造成保留树倒伏、杂草疯长、风害、冻害等各种后果（图2-16）。需要注意的是，第一要优选乡土高价值树种作为保留树，再是保留辅助树。

矮林的一般转变流程如图2-17～图2-23所示（林分内有一定的优质个体，中林的转变也可按此路线实施）。

图2-16　错误的疏伐方法：采伐强度过大

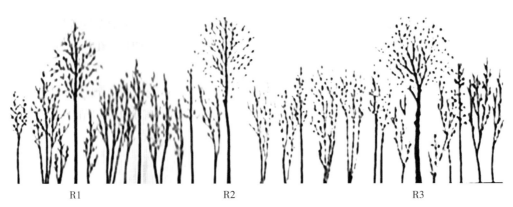

R1　　　　　　　R2　　　　　　　　R3

注：R1，R2：主干通直、树种理想的萌生树，予以保留；R3，伐除霸王树或缺陷树；其他下层林木和灌木层留存无害，予以保留。

图2-17　矮林的保留树转变法

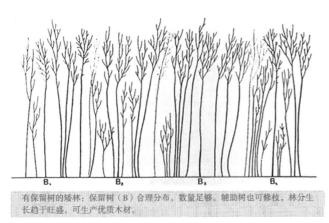

有保留树的矮林：保留树（B）合理分布，数量足够。辅助树也可修枝，林分生长趋于旺盛，可生产优质木材。

图2-18　如何选择保留树

伐除6号树帮助保留树B的生长。6号树尽管距B较远，但其竞争性很强，自身没有高价值。

其他的树木起到如下作用：

——1号、2号树，支护保留树，但是由于保留树的树冠不平衡，所以稍后应伐除；

——3号、4号和5号树属于下林层，它们保护着保留树主干，予以保留；

——7号树虽高，但它可以作为辅助树予以保留。

图2-19　保留树、辅助树和采伐树关系

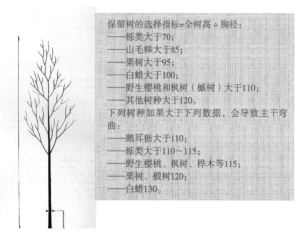

保留树的选择指标=全树高÷胸径；
——栎类大于70；
——山毛榉大于85；
——栗树大于95；
——白蜡大于100；
——野生樱桃和枫树（槭树）大于110；
——其他树种大于120。
下列树种如果大于下列数据，会导致主干弯曲；
——鹅耳枥大于110；
——栎类大于110～115；
——野生樱桃、枫树、桦木等115；
——栗树、椴树120；
——白蜡130。

图2-20　保留树选择时注意高径比

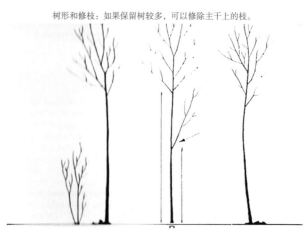

树形和修枝：如果保留树较多，可以修除主干上的枝。

图2-21　保留树和辅助树必要时修枝

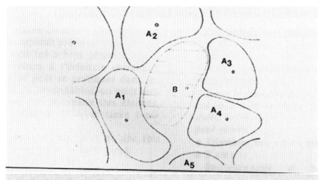

保留树B的树冠投影如果被旁边的A3、A4的投影侵占，那么A3和A4就要伐除。相反，A1和A2可以保留。

图2-22　用树冠投影法选择保留树

再到后来，保留树成为主林层，支配了营养空间。这样，原本的矮林就转变成为乔林了。

图2-23　矮林的近自然转变已经完成

矮林转变过程，一直伴随着小径材的生产。矮林转变的整个过程如图2-24所示。

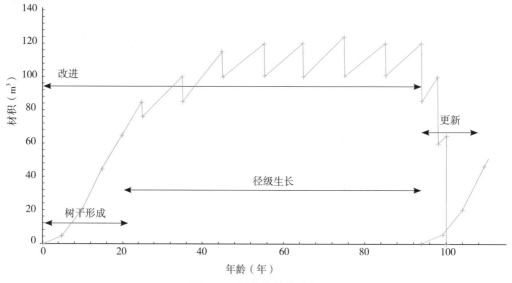

图2-24　矮林的转变过程

下面通过查看一些实际情况，进一步理解原理和方法。

未长高之前的矮林（图2-25），主要是清理绞杀植物、萌条过多的萌生树丛以及先锋树种的竞争植物，没有必要全部清理重造。

图2-25　刚刚萌生形成的矮林

幼龄矮林，一是疏伐萌条，留两三株干形好的继续生长，在稀疏处补植实生树（图2-26）；二是清理出一定的无林带，在带内补种、补植；三是均匀地开出一些林窗，补种或栽植实生苗木。如图2-27，废弃的柞蚕矮林，没有培育前景，尽早补种实生苗。

图2-26　这种疏伐萌条的办法不理想

图2-27　柞蚕矮林，宜补种

对于已经达到杆材阶段的矮林，将主干较直的树木作为保留树，对干扰树逐步疏伐，同时促进实生苗的出现（图2-28、图2-29）。

老龄矮林（图2-30、图2-31）在林内补种、补植实生树，实生树生长起来后，逐步伐掉老龄萌生树。注意在采伐上层木的时候要控制郁闭度大小，目的是压制杂草和灌木生长。

图2-28　已达杆材阶段

图2-29　保留树进行疏伐引进实生树

图2-30　老龄栎类矮林

图2-31　老龄栎类林内补植针叶树

　　图2-32是老龄、退化矮林，天然实生更新的能力已经很低，可采取开林窗补种、补植的办法。图2-33是转变完成阶段的林分。

图2-32　老龄矮林

图2-33　应把矮林和中林变成这样的林分结构（异龄复层）

5. 矮林过了最佳经营期如何弥补

图2-34是一处青冈栎萌生林，林龄20～30年，前期未做任何管理。在全国很多地方，都有大量的这种萌生栎类。

图2-34　栎类林分过密而未及时疏伐，部分立木已经倒伏

现在我们来分析一下这类林分的问题。如图2-34所示，自然整枝完成得非常好，没有枝丫的主干较高。但高径比大于100（栎类的高径比应在70～100之间），主干细长，冠幅也很小，有的树已经弯了，应该无法再长直。从这块林分的发展来看，自然整枝的阶段仍旧在进行，应该尽快疏伐、发育树冠、促进径级生长，防止高径比进一步扩大。

由于质量较好的林木已经不多，疏伐时尽可能保留这些林木，对它进行经营，其他的没有价值的，可以不去管它。对那些符合目标树最低标准的树，也可以降低标准选进来。对于矮林，可选一些较好的萌生树继续培育，其他的萌生树可用作短伐期的小径材进行培育。

国内大部分的次生林资源，几乎兼备了本文前面提到的几个缺点，就是多为细杆材，大部分树木树冠发育不好，多为老桩萌生等。对于这些资源，错过最佳经营期，已不可能把它们塑造成优质林分，但可以有限度地改进质量，适时进行优质适生树的二次建群。

6. 德国栎类矮林转变

如图2-35所示，为32年生的橡树矮林，原本是1951年造的实生林，1981年被雪灾破坏，随后清理了林地，形成了这样的萌生林。以此为例，看看德国是如何对待矮林的。

在2008年，矮林形成27年时，从中选取了质量较好的林木作为保留树，并伐去周边的干扰树。2013年，再次采伐干扰树。

在采伐干扰树的过程中，对不是迫切需要的，采取环切的方式（图2-36），环切后，树木在2～3年内死亡，这样既节省了劳动力，还避免了一次性疏伐过多而给林分造成风险，同时还有助于保护林下已有的更新。如果萌生的栎类幼树表现较好，并且根桩不是太老，还是可以视为实生树加以留选，作为目标树一样继续培育，法国也是这样，木兰林场也有类似优质矮林的均质经营。

图2-35　橡树实生林雪灾后形成的矮林

图2-36　对较大的干扰树进行环切

7. 矮林的经营

矮林经营作为一种作业法，在我国的应用还是较多的，例如柳条矮林、刺槐矮林、栎类柞蚕矮林，作为这类林分进行经营时，有以下好处：

——经营简单；

——投资极少；

——周期性收益；

——生物质的产量较大（但是每木的材积很小）。

矮林在什么情况下可以保留？当地方薪炭材销路很好时；当不具备转化条件时；当具有某些特殊需求时，如生态、狩猎、景观、各种防护（如土壤保持、防火等）；或造林改造前的临时过渡期，当质量较好有继续培育的价值时。

保留矮林时应注意的事项：

——进行采伐时尽量接近地表，这样可激励再生，便于萌条，避免伐桩衰退；

——应在树液停止流动时采伐。

二、中林

1. 中林的概念

中林的定义：实生树木和萌生树木并存的林分，参见图2-37、图2-38。

德国的Gotta（曾任萨克森王国林业顾问，森林经理研究所主任）于1820年提出了"中林（Taillis sous futaie）"的概念，弥补了此前只有矮林和乔林的天然次生林分类。

图2-37　中林示意图

图2-38　中林

2. 中林的特征

中林是由萌生树和实生树共同组成的森林，其中萌生树的寿命一般较短。图2-39是一幅中林图片，显示萌生树开始逐渐衰老死亡，而实生树木仍能健康生长。

参见图2-39，林冠不分层的林分是由无规则分布于林分垂直空间的冠层决定的，称作无规则郁闭。分林层的林分表现为一个或多个林层是可以区别出来的，称为水平郁闭（规则郁闭之一）。

图2-39　中林（其中萌生树开始逐渐死亡）

　　较之于矮林，中林的最大特点之一是林层复杂（图2-40）。鉴于其林分结构的这一特点，中林的疏伐和保留树的选择都别有规则。

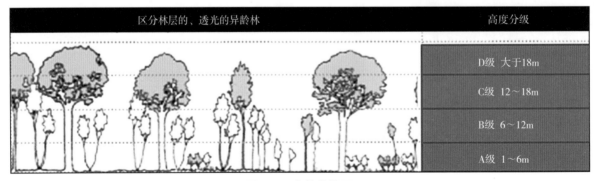

一处林分的林层		
完全遮蔽阳光的无林层老龄林分		高度分级
		D级　大于18m
		C级　12～18m
		B级　6～12m
		A级　1～6m

区分林层的、透光的异龄林		高度分级
		D级　大于18m
		C级　12～18m
		B级　6～12m
		A级　1～6m

图2-40　中林的林层

　　中林的具体类型极为复杂，群落结构复杂、林龄不一、树种多样。例如，也许某一区片为实生林分（多数情况是林窗内的天然更新形成的），某一区片为萌生林分，某一区片为其他树种或非目的树种，甚至是草地荒坡。

中林林分一般都不规则，因此也就没有统一的经营方法，但有一些经营原则。

为什么和怎样把它们转变为优质乔林？一般的经营思路是：

——优先采伐萌生树，保留实生树；

——通过透光措施，促成实生幼苗出现；

——这些幼苗中的一部分要能够达到杆材阶段；

——其中一部分要达到林冠层以上见到阳光。

林层的管理：

林层动态（图2-41）：① 林下更新都是在保持其细枝的同时倾向于阳光，因为亚林层会很快郁闭，所以它们冒着衰退或者变形的风险。② 那些树冠已停止扩张的成熟立木，如果下部主枝未被遮阴，它们就会继续生长，并且继续对主干的径生长做出贡献。③ 那些处于目标树树冠内部的植株，没有影响目标树树冠时可以不管，但是当它们影响目标树树冠时，就应当去除。④ 当亚林层达到上层树木冠层的周边时，部分主枝就会往旁边长。⑤ 低矮的主枝，不能够往上伸展时，就会死亡。⑥ 目标树超出主林层，对光的竞争压力降低时，树冠就可能偏向于水平生长，目标树的树冠会迅速扩大。⑦ 那些围着目标树主干的、尚未达到目标树冠层周边的亚林层树木，应予以保留。⑧ 亚林层的那些低矮树木，通过对上层树木的疏伐，可以照到阳光。因此，其生存及加快生长，保障着亚林层及其林冠层的持续更新。

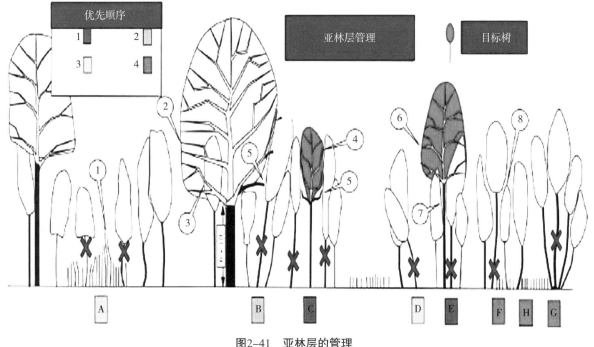

图2-41　亚林层的管理

抚育措施：

A. 如果要促进更新生长，应当去除那些压制更新层的植株，促进更新层尽快郁闭。B. 应当去除那些枝叶接触中大径目标树主干枝叶的亚林层植株。C. 正在形成杆材之中的目标树，应当去除亚林层的包围，以便使目标树的主干枝能够伸展。D. 那些压着实生苗和将要植树地方的亚林层，都需在其影响目标树之前去掉。E. 如果一株生长在目标树树冠之中的亚林层树木，其主干枝叶影响到目标树主干枝叶生长，就应当去除。F. 亚林层，应当通过对最大和最高植株予以疏伐，控制光线到达地面促进其生长。G. 非实生目标树，可以修剪较大枝丫，增加透光，这可以精准地掌控光线到达地面。H. 这样还可以逐渐带来光线，在没有杂草竞争的情况下使得种子发芽。

下面是成熟阔叶林分的林层管理。

林层动态（图2-42）：① 在那些树冠停止扩张的成熟树木上，如果其下部主枝未被遮阴，它们就会活着，并且对于径级生长做出贡献。② 对于那些生长在目标树树冠内部的植株，而又并不对于目标树的主干枝叶造成遮阴，就不必疏伐它们。只有当它们达到妨碍目标树主干枝叶生长时，才予以去除。③ 当亚林层的树木枝丫达到目标树的树冠附近时，某些枝叶反应为向高处和向外部伸展，代替水平生长。④ 下部主干枝叶不能向上伸展，就会死亡。⑤ 在目标树上，主干枝叶对光的竞争降低，开始水平生长。⑥ 亚林层的植株，它们围绕着目标树的主干，但还没有达到冠层，这时就应保留。⑦ 那些更小的亚林层植株，应当通过上层疏伐，增加透光。这样，它们的继续生存和生长，就保障了亚林层的持续更新，从而也就保障了地面覆盖。

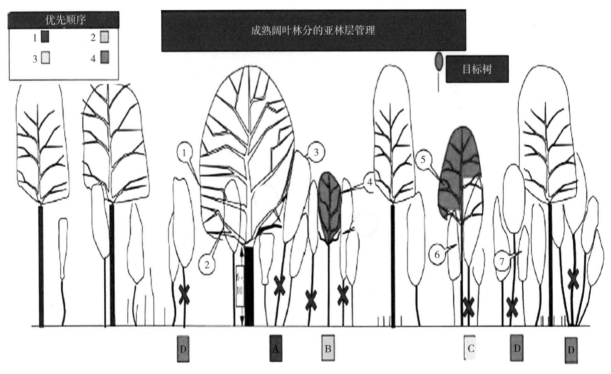

图2-42　成熟阔叶林分的亚林层管理

抚育措施：

A. 应当去除那些其枝丫接触了优质中大径材的亚林层植株。B. 对于那些杆材正在形成之中的目标树，应当去除所有围绕且影响目标树生长的植株，以便使得目标树能够伸展主枝。C. 如果一株亚林层的植株生长在目标树树冠之内部，并且其枝叶影响着目标树的细枝生长，那么就应当去除。D. 对于亚林层，去除最高和最大的植株，可以控制光线到达地面，让较小的植株生长，形成亚林层，保障地面清洁，促进新的实生苗出现。

此外，霸王树妨碍着目标树上半部的生长，需要人为干预。干预只是针对影响目标树的霸王树，见图2-43。幼龄期有时还需要折灌，一般在6月至8月进行（图2-44）。

图2-43　霸王树

图2-44　折灌

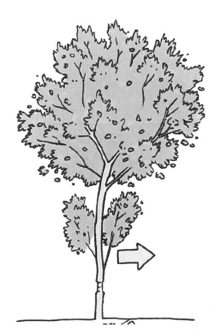
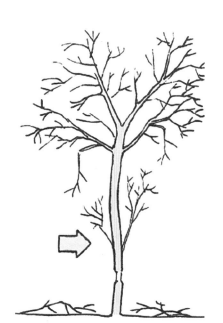

图2-45　环割

有时还需要环割，以降低干扰树的活力
（一般2～6年死亡），并且可以使得目标树树
冠的上部逐渐见到阳光，环割可以常年进行
（图2-45）。

3．中林的转变

疏伐，标记优质实生树作为保留树，采伐
萌生树。

如果新增树木足够，那么森林生态系统的
运转就会正常。

如果中林里的两个地段，一个全是萌生
的，另一个全是实生的，这种情况分别按照矮
林转变和乔林经营对待。

对于稀疏及无林地段，则通过自然力或人
工促进培植新植被。

中林区片内如果目的树种不多或基本没
有，则应注意引进目的树种，或借助采伐成熟
木的机会更换树种。对于草坡荒地，则加以
封护，等待自然成林，或人工栽植。对已达
到杆材阶段的林分，选择保留树或直接选择
目标树，稀疏地段人工促进天然更新，采伐干
扰树。

中林类型，如果老龄树居多，把它们转变
为近自然异龄林，经营思路是（图2-46）：

——采伐萌生树，保留实生树，同时通过
透光伐，促成实生幼苗出现；

——要使这些幼苗中的一部分能够生长到
杆材阶段；

——要使这些达到杆材阶段的实生树中的
一部分达到林冠层以上，见到阳光。

中林林分的发育经常表现为几个连续的阶

图2-46 透光后的天然更新，这些实生苗承载着中林的希望

段。一个阶段是中大径树木占优势，继而是大树无规则地占优势，然后是采伐以后中径树木占优势。经营时没有必要遵循一个径级分布比例，而是要始终把注意力放在足够的实生幼树的产生上。

对实生树或异龄林的采伐，目的是：收获成熟立木；促进目的树种径级生长（有时要伐掉影响其生长的低质树种）；逐步采伐病弱木或有害树木。按照欧洲的经验，伐出的立木材积应为10%～20%。这一比例适合于立木蓄积量持续积累的轮伐（每公顷80～120m³）。轮伐：根据土壤情况，每8～12年伐一次。每一次采伐都要有利于树冠拓展。相邻树木树冠搭接，引起林分的水平郁闭，经常进行采伐，可以使阳光投射到地面。

异龄林是从自然力那里获得好处的。在过滤的阳光下，只有最具活力的实生苗可以存活，而且它们在同一受限性生境，天然地就具备了自己的特性，有利于达到杆材阶段和自然整枝。还有其他几项作业：单独保护特殊植株，去除绞杀植物，必要时人工补植。这有利于局部补充更新或改善树种多样性，还会改善林层。

以上各点，见图2-47、图2-48。该示意图综合体现了同一处萌生—实生树木混生的中林的抚育措施。

另外，这样的每一次的少量采伐也有利于为每一棵优质立木寻找到最佳收益的机会。

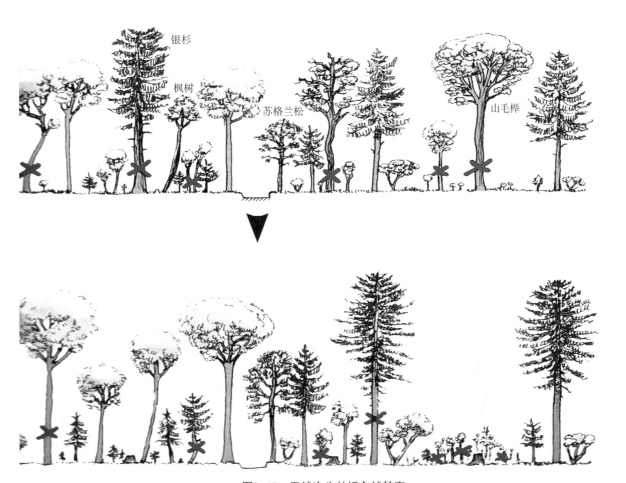

图2-47　天然次生林近自然转变

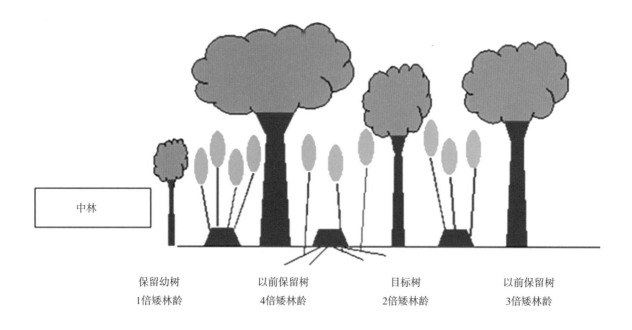

保留幼树　　　　以前保留树　　　　目标树　　　　以前保留树
1倍矮林龄　　　　4倍矮林龄　　　　2倍矮林龄　　　　3倍矮林龄

图2-48　中林的林层级采伐

　　如图2-49（左）是一处中林，主林层的林木已经20余年生。但是，其中的萌生树大多数都没有长期保留的价值，但短期内，有它们存在就可以起到压制杂草、提供种源、保持生物多样性以及保持水土等生态作用，因此这些大树在一定阶段是不可缺少的。只是这样的中林质量较差，所以我们要通过转变的办法逐步转变为优质乔林。如图2-49（右）的做法是采伐质量更加残次的林木，在稀疏地段人工补植苗木。只要保留大树，采伐霸王树及低劣的树木，给下林层中的高价值实生小树周边折灌，再过一二十年，再逐步采伐上层林木，让下层高价值实生幼树成长起来，那么，这片低质林分就会转变为优质的近自然异龄混交林。

图2-49　近自然转变的中林（保留优质林木，促进实生幼树层出现）（左）；
林内情况：立木稀疏后，阳光投射到地面，新苗即可长出（右）

下面的图表明了中林的一些转变措施。图2-50所示是一处比较稀疏的中林，正在等待天然充实新树。图2-51是在这种稀疏地段已经出现的幼树，数量足够、干形挺拔，均为优质目的树种。这片低质中林的前景相当好，而且经营的成本很低，主要是借用了自然力。

图2-50　稀疏的中林　　　　　　　　　　　　　　图2-51　稀疏地段出现天然更新层

图2-52代表了最为一般化的中林抚育措施——疏伐。应该说这是一种综合疏伐，各种目的的疏伐都包括了。疏伐后，林分里的实生树木、表现较好的萌生树和伴生着它们的辅助树等都做了合理的保留，而各种干扰树则做了去除。低质的中林林分得到了很大的改善。

图2-53是一处综合疏伐的中林林分，但疏伐有些过度，郁闭度太低。好在保留树都不很细，一时间不至于遭遇灾害。疏开以后的林分，很快就会有天然更新出现。值得注意的是，在清理林木时，不要不分青红皂白全部清理干净，主要保护已有的天然更新。

图2-52　左侧为已疏伐，右侧为未疏伐　　　　　　图2-53　清理中保留了针叶树更新

图2-54代表了我国较普遍存在的典型栎类中林。在这样的林分里，萌生树和实生树混杂，关键的抚育期内没有抚育林分，树木树冠较小，部分树木还可能过细、过高。这样的林分完全转变为优质的乔林可能性不大，但经过科学经营还是会产生积极的效果。主要是降低一些标准选择保留树，以此培育较低档次的立木，并在这个过程中不断生产小径材。林分的整体质量会得到改善，生态功能会逐渐完备。

图2-55是一处老龄树木的林分，其经营措施主要就是更新，培育新一代林木。

图2-54　栎类中林，应选择保留树

图2-55　萌生树老化，引进实生树

图2-56　中林抚育的效果

盛炜彤（2016a）强调了中林的复杂性。如甘肃小陇山林区的王安沟锐齿栎林，乔木层有50多种树种：①草类槲栎林；②胡枝子连翘槲栎林；③落叶阔叶槲栎混交林。盛炜彤（2016b）描述的进展演替的次生林，可能主要指这个类型。这类栎类次生林经营的前提是，要进一步根据立地条件、群落结构和乔木树种组成等划分林型。一般说，此类栎类林立地条件较好，组成树种丰富，生产力高，生态功能强，立木蓄积量的潜力可达到每公顷500m³以上。对其经营要确定不同类型的培育目标，成熟木只可以择伐，以保持林分复层异龄混交状态。

图2-56所示是中林抚育，效果非常好。

三、乔林

1．乔林的概念

乔林（futaie）是有性繁殖林木构成的林分。有两个含义：一是林木起源于实生，至少其中的一部分达到乔木阶段，发育阶段分为：灌丛林（指林分的幼龄期，未长成细杆材之前，并不是真正的灌木）—细杆材林—杆材林—乔林；这是欧洲对乔林的定义以及阶段划分；二是与中林培育中的保留树同义：在中林转变中，对萌生树平茬，保留实生树，就是保留乔林。

2．乔林的特征

乔林的演变过程见图2-57。

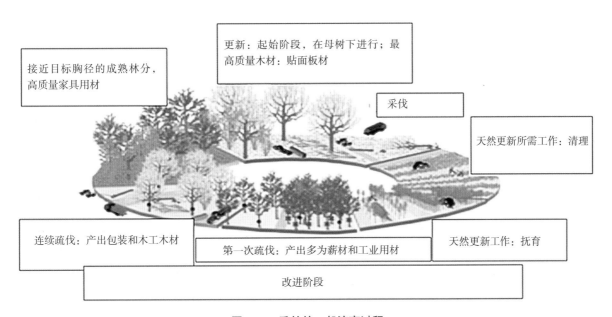

图2-57　乔林的一般演变过程

乔林可以生产哪些木材产品？见图2-58。

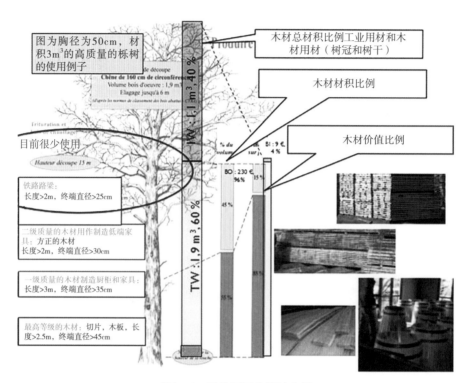

图2-58　乔林可以生产的木材

3．乔林的分类

乔林区分为整齐乔林（futaie régliere）（图2-59、图2-60）、不整齐乔林（futaie irrégliere）［或称之为择伐乔林（futaie jardinée）］（图2-61、图2-62）。择伐乔林是实行单株择伐的乔林，是在一个经营单元（林班或小班）内，立木年龄和径级各异从幼苗到已达采伐年龄的都有（"爷爷儿子孙子"同堂）。串根乔林一般属于不整齐乔林，由远端根系萌蘖形成，实际是串根矮林，但生长性状与乔林相近（futaie sur souche），见图2-63。

图2-59　同龄乔林（整齐乔林）

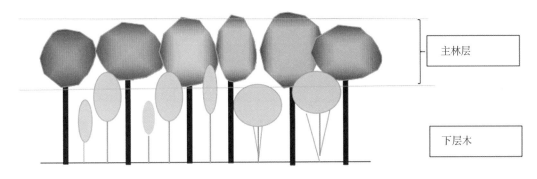

图2-60 具有下林层的乔林

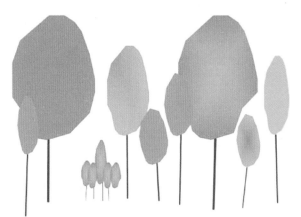

大树 幼苗 小树 中龄树 杆材阶段

图2-61 不整齐乔林（择伐乔林）

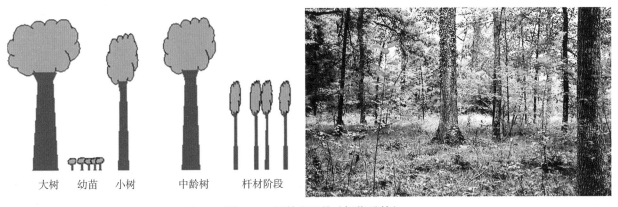

图2-62 不整齐乔林（异龄乔林）

图2-63 串根乔林（杨树）

4. 乔林的经营

需要经营的乔林有很多类型，主要是稀疏乔林、老龄乔林、失去天然更新能力的乔林、丧失目的树种的乔林、树种低劣的乔林、霸王树多的乔林、过密的乔林、树种单一的乔林和其他一般乔林等。

乔林经营主要考虑的问题是：① 树种的培育价值是否高，现有树种当中是否可以选出足够的保留树或目标树；② 如何开展抚育提升森林质量：疏伐、修枝等技术；③ 怎么把纯林引向混交林；④ 怎么把单层林引向复层林；⑤如何建立更新层；⑥如何做好森林保护，如病虫害和灾害防治等。

凡施加了经营会提升效益的乔林都应加以经营。需要经营的乔林也分幼龄林、中龄林和成过熟林。

如图2-64，幼龄乔林如何经营呢？主要是逐步疏伐，伐除其中一些干形较差、过密、树冠太小或树种价值低的单株，为较好的一些树木的树冠发育拓展空间，以便后期从中选择目标树（图2-65）。

图2-64　常见的已达到细杆材阶段的幼龄乔林

图2-65　常见的已达到杆材阶段的幼龄乔林

乔林的转变流程，如图2-66所示。

幼龄乔林

中龄乔林

成熟乔林

图2-66　各阶段的乔林

5. 目标树经营

处于细杆材和杆材阶段的乔林，可以较多地选择保留树，在随后的多次疏伐中，再从中选择目标树，有条件的林分也可以直接选择目标树（图2-67）。

目标树的选择条件是：① 要等到杆材长成，至少是细杆材阶段林木出现分化后；② 不追求目标树成行排列；③ 目标树间距是：针叶树一般是目标胸径的15～20倍（阔叶树一般是20～25倍）；④ 均匀分布，个别情况下可两三株挤靠在一起，但外围要有充足的展冠空间；⑤ 干形通直；⑥ 尽可能规避萌生起源的树木，个别情况下也可以；⑦ 树冠相对圆满。具体见图2-67。

自然保护区里的林木也需要经营。这种目标树体系的功能是长期支撑起保护区森林生态系统的框架，但是选择标准是为了生态防护。这种目标树叫生态目标树，在此不予论述。

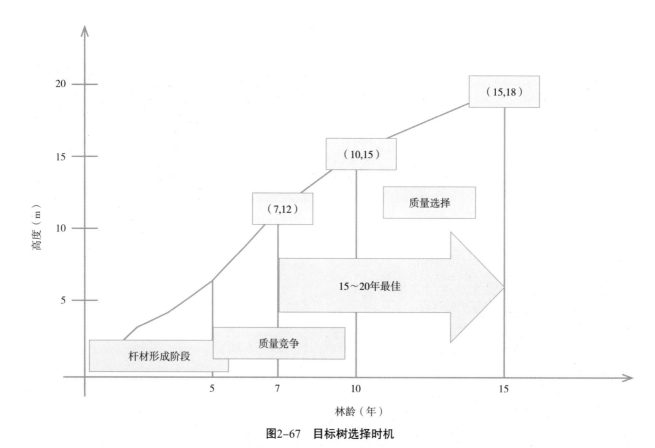

图2-67　目标树选择时机

关于目标树的密度，德国弗莱堡大学的Heinrich Spiecker（海因里希·斯皮克尔）教授提出过一个公式。如下：

每公顷所选目标树的最大量，以及目标树之间的平均距离计算公式是：

$$d = 2 \times \sqrt{\frac{F \times \sqrt{3}}{6}}$$

式中：d为目标树之间的距离；F为每棵目标树所占的面积。

每株树所占面积如右图所示，假设树冠为正六边形，则六边形的面积$\frac{d^2\sqrt{3}}{2}$。

F=10000m²/目标树株数（目标树株数=成熟林的每公顷胸高断面积/单株树的胸高断面积）

根据德国经验，成熟林分最终收获的每公顷的胸高断面积基本为：落叶松29m²，栎类25m²。目标树株数及间距计算见表2-1。

表2-1　目标树株数及间距计算

胸径（cm）	目标树的数量（株/hm²）		相邻目标树之间的距离（m）	
	落叶松	栎类	落叶松	栎类
40	230	200	7.0	7.6
50	150	130	8.7	9.4
60	100	90	10.7	11.3
70	75	65	12.4	13.3

具有以下缺陷不能选为目标树（表2-2）：

表2-2　目标树缺陷管理

缺陷	描述	风险	建议
树木欠缺活力	树冠的高度低于树木的总高度的1/3，窄冠，偏冠	生长活力不足，目标难以实现	树冠长度应达到树高的40%以上
枝丫	杆材上有枝丫	未来有销售困难	树形发育过早可以纠正缺陷
	树形分叉	木材腐败因素的进入点；或因风或采伐时有断裂危险	尽早形成树形可以规避缺陷
主干上的枝丫	5cm径级以上的枝丫	难以销售	树形发育过早可以纠正缺陷
	5cm以下的枝丫	质量损失；木材质量损失	形成树形
丛生枝	下部4m主干上15个以上	销售困难	
弯曲	下部5m主干弯曲10cm以上	销售困难	
倾斜	倾斜11°以上	销售困难	
伤口	未愈合伤口	销售困难	
	第二段原木	销售困难	
溃疡病	出现在主干上	销售困难	
	出现在第二段原木或者主枝上	有断裂的危险 更新时有扩散的危险	

目标树作业体系有五大优势：①只要建立起目标树作业体系，就建立起了森林可持续经营的框架，森林生态系统就具备了长期稳定的基础；②目标树体系借用的是自然力，人工投入低、自然增值大，符合低碳经营的要求；③目标树培育既可满足对优质中大径材的需要，又可通过疏伐非目标树获得中间收益；④目标树经营要求植被持续覆盖，生态功能不间断；⑤重视天然更新，有助于单层纯林向多层混交林发展。具体见图2-68～2-73。

图2-68　目标树周边树冠标准

注：疏伐举例，预计下次抚育前，会与目标树冠可能搭接的周围林木应该去除。

图2-69　这是一株偏冠的青冈栎，这株树的主干通直，无节疤，但是树冠受右边一株树的挤压，形成了偏冠，不宜选
　　　　为目标树（左）；老龄栎类乔林，通过经营形成更新层，主要是疏伐透光，促使种子萌芽（右）

图2-70　一株蒙古栎目标树，主干通直，无丛生枝，周边是几株避荫的辅助树；这样的结构，是选择目标树和保留树的典范（左）；通过转变获得的理想林型——近自然异龄混交乔林（右）

图2-71　由矮林或中林经近自然转变而来的优质乔林，其中无益或有害资源很少，林地生产力很高

图2-72　栎类矮林、中林、乔林生长全过程（Yves Ehrhart）

　　乔林的经营相对容易，因为它们起源于种子，幼化程度100%，寿命长。但是也正是因为这个原因，实生树木之间的竞争也更加长久，所以及时抚育更为关键。

　　低质乔林的经营会遇到很多种情况，还区分幼龄、中龄、成过熟林等不同发育阶段，经营就是把它们从各自的起点，往近自然的优质异龄混交林转变。

　　以栎类为例，幼龄乔林，幼树很细很密，相互促进的时间只有20年左右。此后，如果不及时疏伐，就会转变为相互压制了，或者导致林分整体衰退，或者部分树木逐渐死去。在这个情况下，很可能该枯死的不枯死，不该枯死的枯死了。即便剩下的也不会健康，主要是树冠发育都会被挤压，林分也会衰退。这种实生栎类乔林，基础相当好，但缺少科学抚育，也会生长不良。

　　我国的栎类乔林中，有一个很普遍的情况，就是松栎混交。可从栎类中选择目标树，作为长期经营框架，以松类充实林分、培育木材，因为松树相对栎类一般寿命短些、材质差些。考量两类树种的特性决定密度，尽量保留其他树种和下灌层，增加生物多样性。

　　乔林中的树木是通过人工栽植、自然分布或传输种子萌发生长的树木。幼苗需要较长的时间来建立根系和发展树干以及树冠。大部分能量和营养都用于这些方面，因此初始生长速度比较慢。先锋树种基本都是喜光树种，初始生长速度较快，后期生长急促降低，生长周期较短。而基本成林树种大多

图2-73　目标树作业体系

幼龄耐阴，刚开始生活在阴影下，生长速度较慢，等暴露于阳光后会在较长时间内保持快速的增长。

每种植物都根据自身情况发展了自己的种子或基因传播策略。我们经常可以在一片空旷的土地上看到树种的演替，出现一段时间后由于后期其他树种的竞争而消失。

先锋树种可以移动很远并且快速占领一个区域，它们大多依靠风（风力传播）将它们大量小而轻的种子传播数千公里。通常这些树种的初始生长速度很快，生命周期短，后期会被耐阴树种赶超和淘汰。稍微耐阴的树种的传播略有不同。

四、森林经营与光的关系

1. 树木的四个发育阶段

在欧洲，一般把树木的生长发育划分为四个发育阶段：

（1）建群阶段。相当于土壤侵占阶段、发芽阶段，以及通过幼树竞争形成绝对优势的林分，其结束于林木高度2.0～2.5m时。

（2）质量阶段。在较好的条件下，这是一个树干形成良好干形和自然修枝的阶段。它结束于自然整枝达到一个理想的高度，依树种不同及生境不同，大约为最终树高的25%，即相当于6～9m。

（3）扩张阶段。相当于树木直径快速生长阶段，也叫径级阶段。为了支持这个阶段，人们帮助目标树侧枝扩张，防止侧枝凋谢。

（4）成熟阶段。这个阶段延伸到经济收获，这个阶段的目标有两个：目标树生长的结束、构成更新潜力。

2．森林更新需要阳光

对于更新的树木而言，幼苗期需要光照或者半阴的环境。图2-74为不同阳光下山毛榉（*Fagus sylvatica*）的表现。

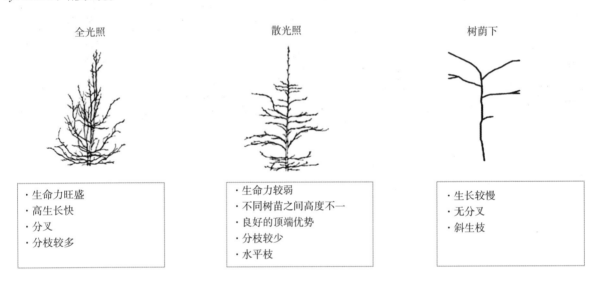

图2-74　森林经营与光的关系

森林经营的主要因素是调整光照和空间。

喜光树种和耐阴树种：喜光树种对于光的需求比较强，缺少了光，它可能就会死亡。耐阴树种可以在缺少光的条件下生存，但是在其生长的建群阶段，却需要一些光照，树荫可以影响更新的能力及成功率。

树种单一的林分中树木对光的需求都是相同的。树木的状态决定了光的竞争：优势木、亚优势木和被压木，三种情况的光照是不一样的。生长快的树会淘汰它周围的树。林业工作者需要根据生长表或生长模型来控制林分密度。

空间需求：树枝间的物理接触会对树木产生强烈的影响。在这种情况下，即使是濒死的相邻木也会阻碍相邻其他树树冠的扩张。

在混交的乔林中，光照对树种分化是至关重要的。树种可以根据其性能进行分类，见表2-3、图2-75～图2-77。

表2-3　一些营林措施开始的最晚年龄，与光需求和竞争力的关系

树种	生长动态	竞争能力	竞争耐受度（耐阴性）	树冠扩张的最大年龄（年）
桦树（先锋树种）	5	1	1	12
欧洲甜樱桃	4	3	2	15～18
白蜡	4	2	2	
有梗栎	3	2～3	1	25～30
五梗花栎	2	3	2	25～30
栗树	4～5	5	4	18～20
山毛榉（耐阴）	3	5	5	35～40

注：一些营林措施开始的最晚年龄与光照需求和竞争力有关系，1最弱，5最强。

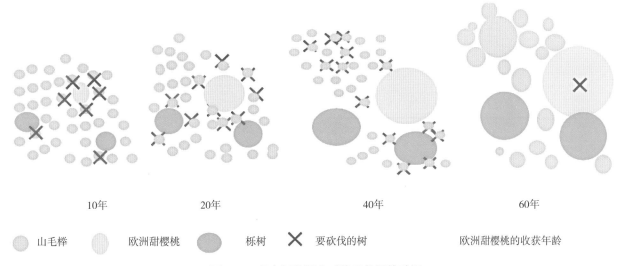

10年　　　　20年　　　　40年　　　　60年

● 山毛榉　　● 欧洲甜樱桃　　● 栎树　　✕ 要砍伐的树　　　　欧洲甜樱桃的收获年龄

图2-75　几个树种混交时的采伐调整时间

注：山毛榉林分中混交有少量欧洲甜樱桃和栎树。

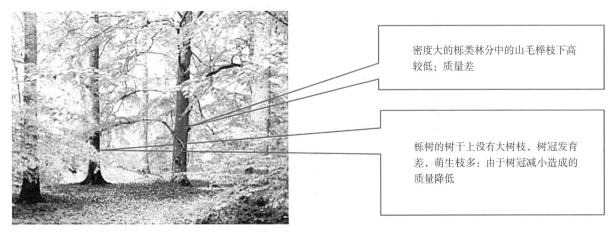

密度大的栎类林分中的山毛榉枝下高较低：质量差

栎树的树干上没有大树枝，树冠发育差，萌生枝多：由于树冠减小造成的质量降低

图2-76　山毛榉与栎类混交时的光照情况

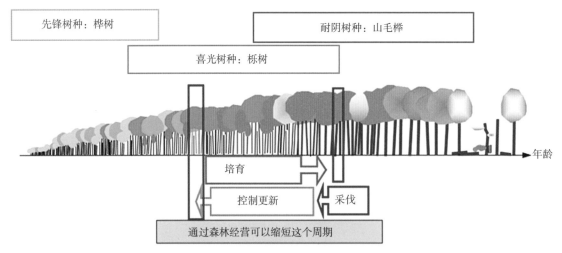

图2-77　几个树种混交的经营总览图

3．树冠要暴露，主干要庇护

某些阔叶树具有在主干上生长丛生枝的现象，特别是栎类。它们一方面需要光，另一方面又怕光，对光的需求更复杂。

栎类目标树主干材应适当遮阴，否则会生长出一些丛生枝，但是它的树冠却又十分需要阳光。一旦主干不能遮阴，这些新长出来的丛生枝会严重破坏树干的质量。对这种经营策略，我们形容为："疏伐要逐步，树冠要暴露，主干要庇护。"主干要庇护是说栎类目标树周边的树木要保留，用来为主干遮阴（图2-78）。

图2-78　主干材丛生枝对原木质量的影响

图2-79～图2-83说明了主干丛生枝的情况。有几种栎类，只要主干暴露在阳光下，就会生长出很多丛生枝。这些丛生枝可以严重到"咬断"树木主干。

目前，已知个别栎类、杨树和槐树容易发生主干丛生枝。

图2-79　栎类主干丛生枝

图2-80　大觉寺的蒙古栎主干丛生枝

图2-81　栎类主干丛生枝

图2-82　杨树主干丛生枝

图2-83 刺槐主干丛生枝

五、次生林经营：是转变还是改造

1. 定义

转变（conversion）和改造（tansformation）都是次生林经营的方式，其共同目标是改进森林的质量，但二者之间有着本质的差别。转变是指矮林或中林基于乡土树种的、以自然更新为主的，逐步转向优质乔林的过渡。改造是指现存林分被新林分取代。这处新林分是由一个或多个主要的原有林地上没有的新树种组成。转变是森林类型的慢性改变。改造是森林的直接替换，通常是通过人工造林实现，或通过下种树（如云杉）自然取代，改造是一时之间的事。

为什么要把矮林、中林转变为优质乔林？因为矮林有很多缺点。萌生林是造成天然林资源低质量的主要根源。萌生化是天然次生林质量差的主要体现。各国的森林经营本质上都是在治理矮林和中林。

2. 转变

（1）转变的历史

转变的概念，首先是18世纪在德国提出。

有多种方法都可以使矮林和中林转向乔林，如直接转变，准备一个等待期再转变，通过密集保留树转变（这一方法比较平缓，但如果珍贵树种的目标树足够，却也是最快的方法）。

转变面临的主要问题是：经济可行性，由于保留树的径级很分散，可采伐性（更新伐）通常没有；技术可行性，由于下种树的匮乏和衰老，天然更新比较困难；工艺可行性，随着保留树的逐渐衰老，保留树质量会贬值。

现在，鉴于现有林分的实际情况和林主们的诉求，转变法育林也在演变——目标变成了转向异龄混交林。

（2）转变技术

① 通过老化的传统方法

就是等待萌生树老化，让实生树长起来的办法。这种方法需要有一个很长的准备期，必须在同一个规划框架内长期稳定地实施（图2-84）。随着现在的中林特点的变化，此法已被废弃。

暂伐：对于需要转变的林分，重点采伐林中的萌生树，保留实生树。如果萌生树丛状分布，一个老伐根上密集生长多株，要保留一两株继续生长，在保持森林环境的同时不断消耗伐根活力，促进其尽快老化。

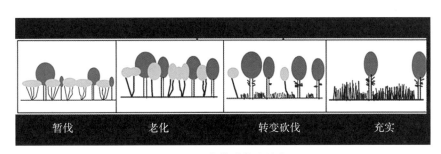

图2-84　老化法转变流程

基本原理：森林是在一个时期内被依次转变，这个时期相当于林分内主要树种的采伐周期的一半。

如图2-85所示，不同的转变阶段叫作周期，期间包含多个D；森林被区隔为一些大片区，在整体的期间内被逐步更新，这些片区叫作定期作业分区，假设转变周期 = D，那么定期作业分区的个数 = D/d；在面积为 $s = \dfrac{S}{D} \cdot d$ 的转变周期期间，一个完整的定期作业分区就会得以更新。

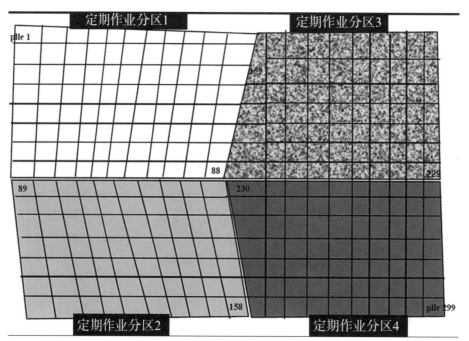

图2-85　定期作业分区

流程如表2-4所示。

表2-4　定期作业分区流程

周期	定期作业分区			
	1	2	3	4
等待期	转变预备期的疏伐	中林的暂伐		
第一期 第二期 第三期 第四期	转变 改良1 改良2 改良3	转变预备期的疏伐 转变 改良1 改良2	中林的暂伐 转变预备期的疏伐 转变 改良1	中林的暂伐 转变预备期的疏伐 转变

② 中林的暂伐（coupe stemporaires）

对于等待转变的林分来讲，为了循序安排转变作业，中林暂伐是必要的。考虑到转变期限或长或短，采伐萌生树有助于充实实生树。随着转变期限内的径级不同，林分会趋于逐步得以调整。

暂伐有两个目的，一是通过萌生树的老化，消耗其活力；二是充实实生树。

育林作业基于以下两点：

——保留萌生树，逐步疏伐其他萌条，留下一两株继续生存，为的是消耗伐桩活力，也为了保持植被的连续性以及限制根桩的萌发能力；

——对保留树进行健康伐，为了在转变时有健康的下种树。

③ 转变伐（coupe de conversion）

适用于整齐乔林逐步更新的采伐模式。当遇到在更新区内更新幼树受到萌生树的竞争，或下种树不足、分布不佳等特殊情况时，就采用转变伐。为了保障珍贵树种进入和幼苗存活，大量的疏伐作业是必须的。

④ 密集保留树转变法

适用条件及技术特点：

——矮林里有丰富的目的树种；

——采伐成熟立木；

——有很大的操作灵活性；

——在需要保护那些还没有达到质量成熟的树情况下，限制打开林窗（图2-86～图2-88）。

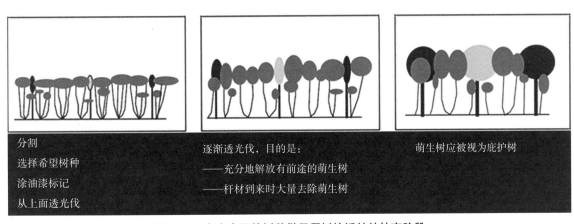

图2-86　有丰富目的树种做保留树的矮林的转变阶段

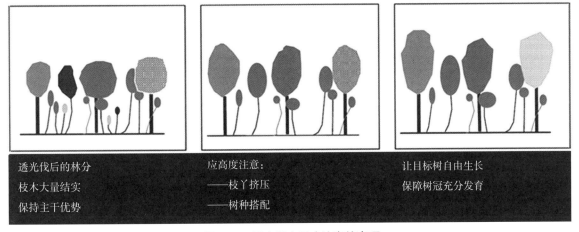

图2-87　透光伐之后应注意的事项

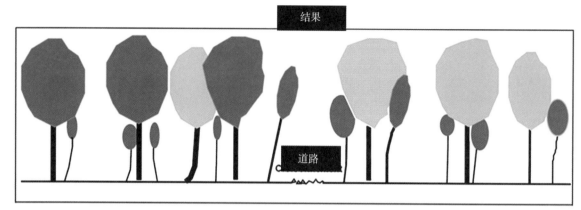

图2-88 中林的成功转变

最后形成的林分由一些优质的、有活力的和树冠发育充分的目标树组成。这些树木的间距几乎是已经确定了的，将根据立木成熟情况、树种和目标逐渐收获。为了方便连续疏伐及森林保护，要建立路网。

⑤ 转变为异龄林的近自然育林法（prosylva）

近自然育林法，是一种接近于自然的并基于以下原则的联合性方法：重视非常适应当地立地条件的树种；是一种利用优选树种生产大径材的育林法；追求林分的永久性，就是追求异龄乔林；短伐期，每8～10年进行一次生产杆材的疏伐；跟踪林分演变（设立长期样地）。

针对立木资产，短伐期采伐同时包含多项作业：收获大径材并更新林分；疏伐乔林；抚育萌生树。

这些作业都是要伴随各种采伐：解放伐、卫生伐、选目标树、目标树修枝、逐步减少萌生树、引进实生树等，如此逐步地实现一个乔林层（图2-89～图2-91）。

3. 改造

改造是改变低效林质量的有效途径，但是有时不良后果也很严重。错误做法是：对原有次生林大面积皆伐；选错了树种；对原有森林生态系统进行剧烈和彻底的改动；立地条件没有潜力，改造不可能会产生更好收益。

（1）总体要求

目标：林分的改造，还是为了提高生产力。

改造的时期和重要性：林分改造可以是在对一片次生林的皆伐重造，这是一种直接和完全的改造。这一模式可以在小面积上实施，以便减少皆伐的不利影响和减少投资。

自然扩展和自然充实：树木的充实和引进少量的树种，对于改进生产潜力和改进以后的自然更新是很有好处的。

树种混交：保留要改造的次生林内的乡土树种并片状引进树种，同时在林分内自然扩展附近林分的树种。

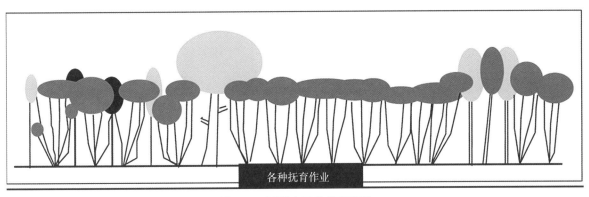

图2-89　不整齐乔林转变流程

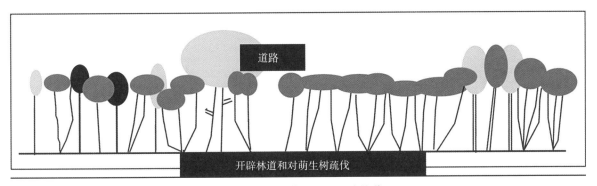

图2-90　疏伐萌生林和开辟林道

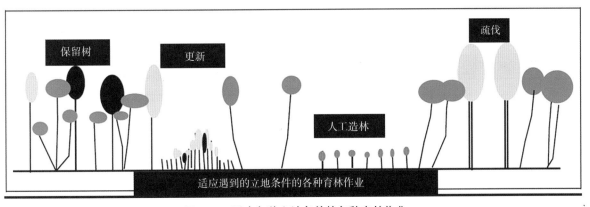

图2-91　适应各种立地条件的各种育林作业

（2）改造技术

皆伐：过去普遍采用的方式。由于这一采伐模式对生态和社会带来冲击，后来受到限制。但是在立地条件好的情况下，这一方法的确会迅速地改进林分的生产潜力。我国过去主要是采用皆伐方式，皆伐之后再重新整地造林（图2-92）。

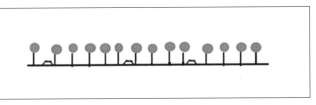

图2-92　皆伐

带状皆伐：带状皆伐可以为幼树提供庇护，皆伐带宽不等，依树种的适应性和育林目标而定（图2-93）。

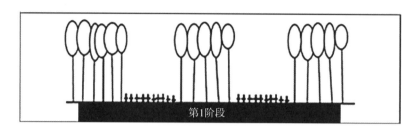

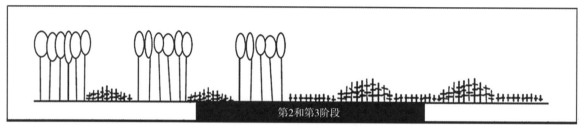

图2-93　交替带状皆伐

带状皆伐根据苗木的生长、混交树种、培育目标、保护珍贵阔叶树种和自然更新等情况，分阶段逐步实施。

伞伐：一种林下更新的改造方式。伞伐的原理是在遮阴树下引进耐阴树种，其目的是构成一个有利的森林环境，防护晚霜、减少蒸发，控制萌生树的竞争性生长（图2-94）。

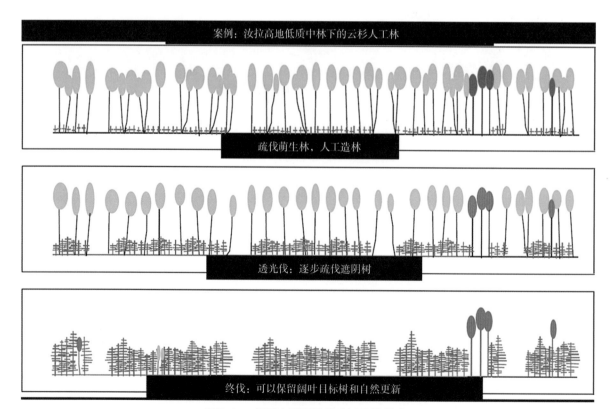

图2-94　低质中林引进针叶树种的做法

林窗造林：一个林窗相当于一定面积的小伐区，其形状各式各样（图2-95）。在生态学方面，林窗的出现很重要，可带来丰富的树种。

林窗的演变：理想的发展模式是随着幼苗对光的需求，林窗要逐步扩大。随着人工栽植的树木的生长和周边树木的自然更新而扩展。

林分的充实：林分的自然充实（也就是天然增加树木）对于林分在低投入下是一项战略性技术。自然

一个栽植了幼苗的林窗

图2-95　大林窗造林

充实并非是什么都不管，有多项技术可以采用，如在林分内开出窄带、庇护等。

这样作业的成功取决于：树苗的形态和遗传性状应很好；造林选位有利，进入方便（林道）；抚育方便（机械）（图2-96～图2-98）。

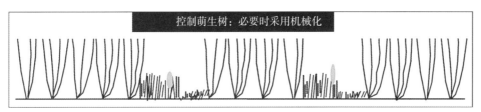

图2-96　采用机械控制萌生树

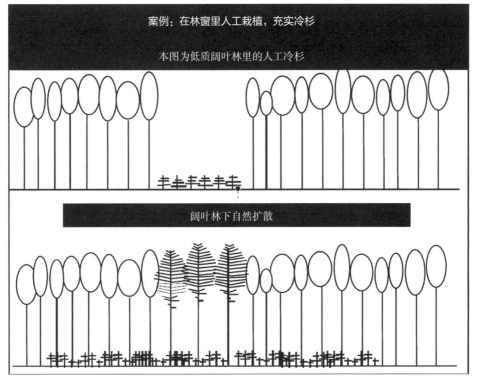

图2-97　在低质阔叶林里天然更新冷杉

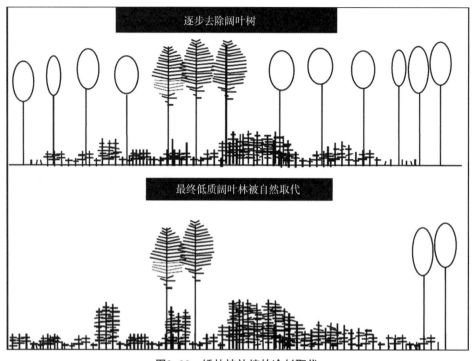

图2-98　矮林被补植的冷杉取代

4."转变"是天然次生林经营的核心概念

我国森林资源建设上,"改造"是一个传统的用语,主要是指对低产低效林的皆伐重造,其实"改造"可能是指"转变"（conversion）,不同的理解带来的是完全不同的后果。

"改造"这个说法,在我国的林业著作中由来已久,但从现代林业所关注的生态保护的视角看,它隐含着破坏性的内涵。而这正是德国在整个19世纪所犯下的错误的根源（当时在这个口号下,德国把99%的次生林都改造成了针叶人工林）,以至于德国又利用20世纪大部分时间来纠正19世纪的这一错误。

欧洲林学是把这两个意思明确地用两个术语加以区分的,绝不含混。欧洲林学中的"转变"是一类基于保留原有树木的由矮林或中林转向乔林的育林作业。这种"转变"同时伴随着树木起源、林分结构和作业方式的改变,这是一类近自然方法。

欧洲林学中,由"转变"又牵出了一系列的新概念。如保留树（réserve）的概念,是指采伐矮林、中林时保留一部分树木。保留树选择（balivage）指采伐矮林或中林时,对保留树的选择和标记。保留树密集选择（balivage intengsif）指在中林采伐时,高密度保留一部分树木（有时也包括萌生树）。密集保留的这些树木将要逐渐疏伐。位置树、目标树（arbre objectif）指在次生林经营中,以树木的分布、活力、干形、品质等为基本标准而选出和培育的树木。在森林经营中,目标树最终构成林分的主体。欧洲现代的森林培育主要是围绕着目标树而组织的。在法国,目标树以前称为位置树,就是强调它的均匀分布，也有一些人叫未来树。

"转变"的概念和技术体系完全是近自然的，它契合了今天的天然林保护、近自然育林、低碳林业、生态林等发展需求，更具有了时代的生命力。现在在欧洲，德国人工纯林的近自然转变，法国天然次生林的转变，这两大森林资源发展模式已经融合，都归到了近自然育林的林学体系上来。

上述次生林起源和类型划分等知识，更主要的应属于一门林业科学，叫林型学。林型学主要是应用于森林规划的一门林学。林型学主要是为了区别林分类型，指导林分分类和调查，理解林分演变，预见林分动态等，归根结底是有助于森林经营。与此相配套的还有一门森林生长学，研究的是树木及其群体的生长规律，也是指导森林经营的理论基础。第一本《森林生长学》问世已经100多年了，目前德国哥廷根大学、弗莱堡大学等都仍设有森林生长学研究所。

六、林分更新

1. 林分更新的四种途径

（1）天然下种

这是最常见的更新办法，为此，应等到林木达到结实年龄。栎类需要50～60年，而桤木只需2～3年，还需要下种树的树冠充分接收到阳光。在土壤方面，有机质应当充分分解，以便有利于掉落到地面的种子发芽。

当种子落下并且发芽，应保障这些幼苗能够接收到光照。对于强喜光树种应当马上给予光照，为此，有一项技术——渐伐。应选择最好的下种树，并在其周边实施以下作业：清除周边有影响的树木，帮助下种树的树冠暴露在阳光下；然后伐除杂灌，有利于水分、光线和热量达到土壤，为土壤种子发芽创造一个较好的温床。

（2）通过营养繁殖途径天然更新

矮林的更新有两种萌芽：休眠芽和不定芽。休眠芽会长期潜伏在树皮下，它们永久地伴随着形成层。当采伐了树木主干，这些休眠芽就会被唤醒并发育成新芽苞。后期也会形成自己的独立的根系，营养和矿物质得以供应，从而正常生长。同样当一棵树木被采伐后，不定芽发育会形成愈伤组织。某些细胞会再次生长成为分生组织并显示为芽苞，接着就是新芽，最后就是一棵树。

扦插、嫁接等也属于营养繁殖途径。

（3）人工造林更新

在苗圃中培育苗木。造林时间依树种而异。应该在幼苗萌动前或生长停止后，即春季、秋季造林。阔叶树造林要在植物休眠期。针叶树的蒸腾作用不会停止（但落叶松会），但却会变慢，应在确认根系还处于生长期进行造林。通常10月初到初春，针叶根系都还会生长。

（4）通过直播人工更新

直播也是一种很好的更新方式，需要事先整理林地。直播可以在平整的林地上进行，也可以在现有次生林内进行。

对于栎类而言，直播种子会有一定的损失，如野生动物取食、腐烂等。可以加大播种量，以弥补损失。播种造林时间一般在秋季，建议播种行距1m，株距0.3～0.5m，每穴播种3～5粒，覆土厚度4～5cm，每公顷播种20000～32000株（考虑到发芽率），播种后要采取措施防止鸟兽危害（播种密度因树种、立地、目标等不同而存在差异）。

2. 天然更新中原有林分密度多大最合适

我们知道，林分的天然更新需要疏开林分、透进阳光以促进种子发芽，究竟疏开到什么程度却是一个高度的"秘密"。迄今，国内还没有看到相应的研究。

以木兰林场为例，新丰分场有一片天然桦—椴—枫—栎等混交次生林，经营目标是通过抚育间伐促进天然实生更新，形成理想的二代林，实现实生多树种的混交。我们发现，大自然自己就给出了一个极好的结果。在现有的郁闭度下，实生树木很多，足以满足二代林所需。事实上，这样的二代林分是非常理想的。据我们现场调研，这片林分的郁闭度为0.6～0.7。但是这片森林之前抚育过，并且抚育时林下已经有了天然更新，因此究竟在什么样的郁闭度下能有效出现天然更新还有待考证。参见图2-99、图2-100，图片显示出来的新林分就是我们所追求的异龄混交林，这才是21世纪的天然林的雏形。

今后，此类林分的抚育措施是：逐步疏伐掉萌生的大树，留出空间给新生的实生树，最终成为异龄混交林，以后实行单株择伐，这就是永久性森林。

图2-99 木兰林场新丰分场中林天然更新（一）

图2-100　木兰林场新丰分场中林天然更新（二）

七、人工林的天然化转变

我国有很多荒山秃岭、荒地和沙地，实际上都是人工造林绿化起来的。这些绿化造林实际上都是属于生态修复之列，是为了恢复生态环境，并非单纯为了木材生产。在我国天然林保护的时代，这些人工林都应当天然化，并使之通过自然更新延续下去。这里就出现了一个天然化经营问题（或者叫近自然经营）。那么，如何实现人工林的天然化呢？

图2-101左边是一片同龄人工林（油松），由于没有修枝、疏伐，就形成了这样一种林相；右边是一片天然化的林分，里面大树、小树、幼树均有，其实这就是一片异龄林，或者叫不整齐乔林或者择伐林。"爷爷"老了，被择伐，"儿子"顶替"爷爷"，成为新一代"爷爷"，"孙子"成为新一代"儿子"，再添加上新的"孙子"。这些添加都是天然的，顶多人工加以辅助。这个森林生态系统自然运转，无穷无尽，因此，也称其为"永久性森林"。这是一个由人工林转化为天然林的完美过程。

等待转变完毕之后，同龄林变为异龄林，纯针叶林或纯阔叶林可能变成针阔混交林，其生态系统的运转也转变为依靠自然力，其各种生态功能得以极大地加强和发挥。其实就是变成了天然林，一种起源于人工林的天然林，也称近自然林。

图2-101　由人工林转变为天然林

那么，我国有无这样的天然林呢？图2-102就是吉林汪清的一片林分。看起来这片林分像是原始林，其实不然，这是一片营造于20世纪60年代的落叶松人工林。

图2-102　由人工林转变而来的天然林

也有处于向天然化转化过程中的人工林，图2-103是木兰林场的一片正在天然化转变中的落叶松人工林。大家可以看到，随着落叶松大树逐步被疏伐，林下出现了很多针叶和阔叶树种，有落叶松、油松、栎类、白桦、黑桦等。再过几十年，就会完全演变为"人工天然林"了，而在这个过程中，每过几年都可以用择伐的方式伐出一些原木，越往后伐出的原木径级越大，价值也越高，同时林下的二代林也会长起来。一直到目标树全部伐出，林分就完全天然化了，二代林完全不是第一代落叶松人工纯林了。

我们推荐"以目标树为架构的全林经营"的转变模式作为人工林的天然化模式，事实上，这是一种反向的天然化，是由人工林转向天然林。前面讲的各种天然次生林以近自然的方式，顺向转变为异龄乔林（或称之为异龄混交林、不整齐乔林等），这是一种正向的转变，是由天然次生林转向天然乔林。

反向的转变，就是由人工林向天然化转变。就是在人工林中选择出一些表现好的、分布均匀的目标树，长期保留，不管是当前还是以后，只要是影响这些目标树生长的其他树木，逐步去除。这样为该林分确立了一个长期经营框架，对其他的树也予以管理并逐步疏伐。也就是在植被无间断的前提下，每隔几年疏伐一次生产中小径材，到后期更新层会逐步替代原有人工林分，原本的人工纯林就实现了天然更新，走向了近自然状态。

德国的近自然林转变就是这种转变。与德国人工林转向近自然林所不同的是，德国只是每公顷选出105～150株目标树，其他的树木就不管了，任其自由发展，那主要是由于他们的经营成本太高，无力顾及。而我国由于缺地少林，我们不能只盯着每公顷的100株树木，要尽可能实行全林经营。对其他

图2-103　疏伐后，人工林内出现了多树种的天然更新层

树木我们也要经营，对于全林里的绞杀植物要灭除，对于过密的树木要疏伐。这样，我们会多生产出一些木材。

以落叶松为例，传统模式一个经营期需要40年，现实施"以目标树为架构的全林经营"，经营期为

80年，相当于两个传统经营期。据测算，80年间每公顷可以生产281m³左右的优质大径材，且规避了40年轮伐后，重新造林必然带来的15～20年的无郁闭期和无收益期。此外，这样的经营模式一旦建立，未来的经营投入极少，基本上就靠自然力产生经济效益和生态效益，这样也深刻地体现了低碳原则。

每隔数年，把那些新影响目标树的树木择伐出来即可，这样一来，等于"睡着觉都可以长出钱来"。理论上来讲，这是对我国人工林传统经营理念的重大创新。

第三部分

木兰林场森林经营
理念和技术

一、木兰林场：前途何在

木兰林场位于河北省围场满族蒙古族自治县境内，地理坐标为：41°35′～42°40′N，116°32′～117°14′E，海拔750～1829m。木兰林场气候属于湿润到半干旱的过渡，寒温带向中温带的过渡，大陆山地季风气候；无霜期67～128天；极端最高气温38.9℃，极端最低气温–42.9℃；年均降水量380～560mm。

木兰林场始建于1963年。2008年，经国务院批准，建立了河北滦河上游国家级自然保护区，和林场实行"一套人马，两块牌子"的管理模式。木兰林场下辖18个职能部门以及13个基层单位，现有职工约1477人，在职职工803人。

围场县位于坝上坝下的过渡地带，是阻挡内蒙古浑善达克沙地南侵的重要生态屏障。历史上为清朝皇家猎苑，这里有众多的历史遗迹。截至2020年底，木兰林场总经营面积10.6万hm²；有林地面积9.0万hm²，人工林面积4.6万hm²，占有林地面积的51.1%。这些林分林龄小、径级小，天然林面积4.4万hm²，绝大多数为萌生阔叶矮林，林龄多为40～60年，有的生长缓慢，有的出现心腐，林分质量差。全场10.6万hm²的林地分布在围场县9000多平方公里的国土面积内，与民营的耕地、林地纵横交错，管护难度大（图3-1～图3-4）。

木兰林场传统经营理念侧重造林和采伐，而对提升森林质量的中间抚育关注不够，其实，这是当时全国几乎所有林场的特点。

图3-1　木兰林场的疏林

图3-2　木兰林场的天然次生林

图3-3　木兰林场的桦树萌生林

图3-4　木兰林场的落叶松人工林

图3-5　木兰林场生产的小径材

木兰林场原来对木材生产的重视程度较高，尤其是在造林时，更多的选择是能生产木材的树种。生产木材、养活自己、贡献社会，实行的是这样的机制（图3-5）。但是，近20年来，全国的森林几乎都停止了采伐，林场职工都转变为守林人。对于森林，就是任其生长，等待国家的进一步指示。

这时几乎所有的林场都陷入了迷茫，中国的森林需要寻找一个出路。因此，木兰林场的探索实际上具有寻找这一出路的普适意义。

二、木兰林场的森林经营理念

经过10多年的探索，一系列的走出去、请进来，一系列的国际国内会议，一系列的培训和示范活动，木兰林场最终确立了一套新的育林理念。新理念充分借鉴了欧洲的先进做法，并结合我国的国情、社情、林情进行了改进完善。因此，木兰林场的经营理念和技术与前文提到的欧洲做法有很多差异。

现在，木兰林场对于森林的看法已经与过去有了本质的不同。这些新理念有：近自然育林理念、树木起源理念、林分转变理念、林分天然更新理念、目标树经营理念、林分发育阶段理念、树种理念、树木生长周期理念、增值资源与贬值资源理念以及恒被林理念（也称异龄林理念）等。这十来个新的育林理念构成了木兰林场整体的新林业观，使得育林工作完全走上了一个新阶段，一切都已经换了新的面貌。

1. 木兰林场的近自然育林理念

近自然育林，这是木兰林场最基础的理念。现在，木兰林场育林几乎一切都要遵循自然规律、借助自然条件、充分利用自然力。

过去我们对自然的改造要求太多、时间太久了。似乎一切都要人造的才是最合适的，包括森林。其实，人类的一切活动，只有在天然的环境里，才能行稳致远、和谐而永续。我们需要的是天然的一切，至少是近自然的。今天，处于反思中的我们，对于天然环境是格外的追求，对于天然林是格外的需要。

木兰林场森林培育中的近自然理念，主要是两个方面：一是要把天然次生林按照近自然的方法转变成质量更优的近自然异龄林；二是要把人工林转变成能够按照自然规律运行的多树种混交近自然森林。这是把生态保护、木材生产融入到森林演替过程的模式。木材产出不是在破坏森林，而是在促进森林发育、生长，木材产出是森林演替的逻辑产物。

这里，需要介绍什么是近自然林业，木兰林场的近自然育林理念是怎么形成的？

联合国欧洲经济委员会木材委员会、联合国粮农组织欧洲森林委员会、国际劳工组织混合委员会于2003年10月在斯洛伐克茨沃伦召开了一次近自然林业研讨会，会议提出了有关近自然林业的林学要点，归纳如下：

我们虽然已经拥有了大面积的有林地，但实际上多是一些结构单纯的林分，要保持这样的林分的生态平衡是极其困难的。为改变这种状况，应当围绕着构建一种近似于自然的森林结构这一轴心，在一个很长的时期中持续不断地采用近自然的方法经营森林。

近自然林业以这样的经营模式为前提：模仿森林植被的自然演替规律，赋予生态系统以稳定运行的机制。近自然的森林经营宗旨是使林分稳定，林分主要由乡土的和适应生境的树种组成。简单来讲，按近自然原则经营的森林就是"模仿自然规律，加速发育进程"。

木兰林场就是在引进欧洲近自然育林理念的基础上，经过10多年探索实践，逐步将近自然思想本土化，使其更加适应生态保护和资源培育发展目标，成为木兰林场森林培育的首要理念。

木兰林场近自然育林理念是：遵循自然规律、依托自然条件、借助自然力量，辅以少量人为干预，提升森林质量，加速目标实现进程，培育结构稳定、功能完备、质量优良的可持续森林。

其中，主张模仿自然规律是由于植物群落在长期的自然演化过程中形成了特定的发展规律。人类经营活动的初衷就是在遵循自然规律的前提下，缩短发育进程。人类只有遵循森林的发育规律，才能实现经营森林的目标，反之会导致逆向演替。

强调依托自然条件，就是充分利用现有的自然条件，最大限度地发挥自然正能量，能有效提高育林效率。

重视依靠自然力，如自然生长力、自然竞争力、自然更新力等。近自然育林充分利用这些自然力，在人为干预帮助下，有效提高育林效率。

近自然森林经营应遵循三个原则：一是选择乡土树种或适应立地条件的树种；二是建立生态稳定和生物多样性丰富的森林结构；三是充分利用森林的自我调控机制，也就是注意利用自然力。

2. 木兰林场的树木起源理念（区分矮林、中林和乔林）

树木的起源问题，就是萌生和实生，这关系到林分的发育走向，决定着林分的未来。木兰林场很重视树木的起源，把这作为一个重要理念。

把林木的起源区分为实生和萌生。从而不同起源的林分也分为矮林、中林和乔林。这一划分是符合事实的，有科学性和可操作性，这是一个重要的理念进步。

矮林，就是萌生林，是原有林木被采伐之后又自然萌生的林分。矮林不一定"矮"，关键是它的起源是萌生的。原则上讲，萌生林寿命较短，林分质量较差，矮林多是要加以转变的森林。

中林，就是由实生和萌生树木混合组成的森林。萌生树质量差，实生树木可能是目的树种，也可能不是，这需要通过森林经营来调整，以增加高价值的目的树种。

乔林，实生起源的林分。在木兰林场主要是人工针叶纯林，树种单一，生态系统稳定性不高，生态效益相对较低，需要进行科学经营，向混交林、复层林转变。

木兰林场的阔叶林基本都是萌生林（矮林），承认这个事实很重要。因为，矮林的发育规律不同于乔林，它不会顺利地向乔林方向发展，中间会经过不断地死亡、萌生、再死亡、再萌生的过程，最后结果也可能是形成乔林，也可能是稀树荒坡，而这个过程会很长。

只有承认了这个事实，并且有针对性地采取经营措施，才能顺利地引导林分向优质乔林转变。

尽管既往的林学没有这样的表述，但木兰林场坚定不移地承认这个简单的事实，这是一个理念的重要进步。

3. 木兰林场的林分转变理念

林分转变，就是保证林分存在的前提下，从一种结构转变为另一种结构，从一种形态转变为另一种形态，要转变的有时是树种，也有可能是起源。

（1）天然次生林的近自然转变

我们需要将质量低下的矮林、中林和乔林转变为优质乔林。林分皆伐后重造，属于林分改造，不属于林分转变。

我们说的转变是一种缓和的、渐进的经营方式，一是要通过疏伐采伐掉比较残次、没有培育前途的个体，增加林内空间、透光，促进实生、适生个体进入；二是保留一定的优质个体，保持森林环境，持续发挥各种效益，同时防止过度透光，避免林下灌草疯长。更新完成后，根据更新层的生长需要，逐渐采伐上层木，逐步改善林分结构、提高林分质量。

对于保留树，要择优保留长势好的个体并继续培育，适当的时候从中选择目标树。

和大面积皆伐改造不同，转变经营是通过疏伐释放空间，获得天然更新，促进森林演替的经营方法。

采用此技术路线能保证次生林群落一直保持较好的森林环境，充分发挥森林生态效益。由于上层林木的存在对林下灌草起到抑制作用，维持了森林的温度、湿度等环境因子，从而保证了幼树的正常生长。

（2）人工林的近自然转变

在理论部分，我们已经讲了人工林如何转变为天然化。

过去的人工林，追求人工化，忽视利用自然力，丢掉了生态系统的力量。今天的人工林，追求近自然、异龄混交、长周期和生物多样性。

人工纯林应走向近自然化，逐步转变为以乡土树种为主的异龄混交林，并尽可能天然更新。

首先是选择目标树，并围绕目标树开展全林经营。经过几次疏伐，将林分密度疏开，树木的生长活力重新激发出来。疏伐围绕选定的目标树以及其他林木开展。

今后的去向是：每隔5～7年进行一次疏伐，每疏伐一次，生产出质量更好一些的原木。大约到林龄60～70年的时候，由于林分密度很低，林下的天然更新层已经很丰富，有些已经长成为细杆材或者杆材，到那时再对更新层进行适当的疏伐，同时选出一部分目标树。当上层目标树达到培养目标时，逐步进行收获，更新为天然林。以木兰林场的实地为例，这时林下会形成多树种混交状态。第二个经营期之后，面对的就是一处近天然林了。整个过程，木材产量并未减少。

4. 木兰林场的林分天然更新理念

林分天然更新，也就是通过森林自然力量实现二次建群，就是通过天然更新或人工促进天然更新，形成有效二代林的过程。

木兰林场很看重林分天然更新，通过天然更新替代人工造林，一是有效降低了人工投入，减少了育林成本；二是天然更新的林木具有更好的适应性和抗逆性，生长更加健康；三是天然恢复的森林生态系统，稳定性更好，各种效益发挥更加充分。事实上，木兰林场已经在大力推进此项工作，其结果

是令人满意的。

林分更新，主要是疏伐原有矮林、中林或者需要建立更新层的乔林，让阳光更多地投射到地面，促使土壤种子发芽，必要时可以实施割灌、破土等措施，进一步促进天然实生更新形成。

为有效促进天然更新，应特别要关注疏伐强度。一般伐后林分郁闭度要降到0.6左右，从而保证更新幼树能够健康生长，当然因立地、树种、目标等因素差异，强度也不尽一致。在疏伐过程中特别要坚持择优保留，每次疏伐都要优先伐除更加贬值的立木，保证主林层立木也有增值收入（图3-6）。

图3-6　林分天然更新（二次建群）

5. 木兰林场的目标树经营理念

目标树，也叫位置树、未来树。目标树是林分中树木的培育目标；位置树在林分中比较均匀地分布；未来树是林分中要长远保留的。

目标树经营的特点：一是为实现森林可持续经营奠定基础，建立起目标树经营体系就建立起了森林可持续经营的骨架。目标树一定是优势和遗传基因好的树木。二是稳定森林的生态结构，目标树只有达到经营目标才能采伐利用，在森林中有一定数量的、均匀分布的目标树长期存在，就能够保证森林生态系统的长期稳定。三是可持续不断地提供木材，目标树经营技术要求，对影响目标树生长的干扰树要进行适时疏伐，以保证目标树生长始终有足够的空间。同时木兰林场的目标树经营是以目标树为架构的全林经营，在培育目标树同时还要关注其他林木的生长，按照伐密留稀、伐次留好、伐小留大、伐萌留实、伐先锋留基本的原则进行抚育，以保证全林都有很好的生长，既可满足市场对大径优质木材的需要，又可通过对干扰树采伐、其他树抚育持续不断提供各种不同规格的中小径材，实现可持续经营。四是经济效益增大，按欧洲发达国家的实际，目标树采伐所生产的大径优质木材的价格是普通木材销售价的6～20倍。

目标树体系开始于保留树。在原有林分的基础上，采伐那些病腐木、倒伏木、霸王树、杂藤等树木，其余均予以保留，即为保留树。往往是林分还比较幼小，不到选择目标树的年龄时，进行保留树作业。

以下各类树，均是在保留树的基础上选定的。在保留树的基础上，进一步选择目标树及其辅助树，再进一步确定干扰树和其他树。

按照目标树经营体系，将林分中的树木分成四类，即：目标树、辅助树、干扰树和其他树（图3-7）。

目标树是指对森林主导功能起支撑作用，在林分中长期存在，在经营中重点培育，一般指以培育大径材为目的的林木。目标树支撑起森林的骨架，决定着森林的质量，提供优质种源，决定着森林未来的演替方向，保持着森林系统稳定（图3-8）。

辅助树是指对目标树发挥其目标功能有促进作用的树木，一般生长在目标树的周围。辅助树是相对的，当其生长到一定程度与目标树发生竞争，就由辅助树变为干扰树了。

干扰树是指对目标树生长构成不良影响的林木，干扰树是相对目标树而言的，不是绝对的。干扰树是经营过程中获得木材的主要来源。

干扰树是目标树经营过程的重要组成部分。干扰树相对目标树来说是动态的，当树木不影响目标树培育时，它就不是干扰树；当树木的存在影响目标树的培育时，它就是干扰树，要对其进行疏伐。

其他树是指林分内除以上三种树以外的树木。其他树是可持续经营的重要木材来源之一，通过科学抚育能持续提供中小径材。

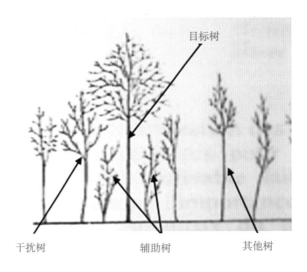

图3-7　目标树分类示意图

　　目标树一旦选定后，将被长期保留下来，直至完成功能目标才退出培育重点。辅助树是防护目标树的，但它是动态的。随着目标树的生长、增高，需要的生长空间越来越大，原来与目标树不发生矛盾的辅助树对目标树的生长产生了不良影响，这时辅助树变成了干扰树。

图3-8　目标树经营

6．木兰林场的林分发育阶段理念

木兰林场根据树木发育阶段的生长特点、规律，将林木发育划分为四个阶段，即建群阶段、杆材阶段、径生长阶段和成熟阶段。划分四个阶段，便于根据林木生长特性确定具体经营措施，推动现有森林向目标发展。

建群阶段（也叫幼树阶段）：相当于土壤侵占阶段、发芽阶段以及通过幼树与周边灌草或非目的树种竞争形成森林环境的阶段。时间是从栽植成活到林分郁闭，这时林木的高度大约在2m。

杆材阶段（也叫高生长阶段）：这是一个杆材形成和自然修枝的阶段。它结束于林木个体高生长速度变慢，理想状态是形成一定的良好干形和实现一定的自然整枝高度，该阶段基本是从林分郁闭到树高达到终高的1/4～1/2或胸径达到目标胸径的1/5～1/3左右。

径生长阶段（也叫扩张阶段）：相当于树木高生长开始变慢，径生长开始加速，同时由于前期的高密度保留，树木分化比较明显。树冠是直径生长的关键因素，此时解放空间促进树冠圆满生长，有助于直径快速生长。为了支持这个阶段，人们帮助目标树侧枝生长，防止侧枝凋谢，这个阶段结束于经营目标的实现。

成熟阶段（也叫收获阶段）：这个阶段的目标有两个，目标树生长结束，达到预定目标，同时林下二代林成功建立，能有序接替上层林木持续发挥各种效益。在木兰林场，为了保障二代林的有效接替，一般在上层木达到目标前的20～25年开始关注林下更新，以保证在目标树能收获时林下更新已经成功建立。

7．木兰林场的树种等级理念

一些树种常在裸地或无林地上天然更新、自然生长形成森林。这些树种一般为更新能力强、竞争适应性强、耐干旱瘠薄的喜光树种，如白桦、山杨等。由于不耐荫庇，往往在成林后被其他树种逐渐替代，我们称之为先锋树种。先锋树种的种子年间隔期很短或不明显，其适应性一般很强，喜光，能抗拒剧烈的气象因子变化，对土壤要求不严格，生长快而寿命短。而有些树种幼苗期具有一定的耐阴性，能在冠下健康生长，随着生长逐渐替代先锋树种形成更加稳定群落，这种树种我们称之为基本成林种。在此之上还有更高等级的顶极树种，它不但具备较高的自我更新能力，并且幼苗期能在冠下健康生长，实现持续覆盖，形成稳定、高效的森林生态系统。木兰林场对辖区内的所有树种划分了等级，在经营中重视更高一级树种的保留，通过人为干预推动森林进展演替，更快达到顶极群落。

当然木兰林场在树种等级的认识上，还意识到乡土树种的单一和不足。为进一步构建物种丰富、系统稳定森林生态系统，木兰林场一是保护优质乡土树种，在经营好本林区落叶松、油松、杨树、桦树的基础上，同时加强了蒙古栎、五角枫、紫椴、核桃楸等珍贵乡土树种的保护、培育；二是引进珍稀树种，经试验栽植，水曲柳、黄波罗、红松等优质外来树种在本林区非常适生；在经营期内适度引进，丰富种源，提高森林质量（图3-9、图3-10）。

图3-9　红松

图3-10　水曲柳

8．木兰林场的树木生长周期理念

科学认识不同树木生命周期至关重要。从实践中发现，我们对一些乔林的生长周期定性过于主观。林龄40年的树木正处于高速生长期和蓄积量积累期，很多树种在生长到100年甚至200年时，仍具有很大的生长量（图3-11）。

图3-11 树龄40年（左）；树龄85年的落叶松，年生长量仍然很大（右）

华北落叶松在80～100年时主伐利用，能达到更好效益（德国、法国都是120年），油松、云杉、红松甚至可以经营到120年（德国140年）。如果40年时主伐利用，就造成大量处于青壮年期的树木被提早收获了，造成林地、林分极大的浪费。

基于新的树木生长周期理念，木兰林场调整了林木培育周期，一般树种的目标树因为培育目标胸径是60cm，因此培育周期基本在90年左右，而这个调整也带来了立木蓄积量的增长。

9. 木兰林场的增值资源与贬值资源理念

因经营目标的差异，林分内每棵林木发挥的作用差异很大，木兰林场基于每个个体对经营目标的贡献划分了增值资源和贬值资源。随着年龄的增长，从目标价值衡量增值较大或者增值比较明显的树木个体，称为增值资源。随着年龄的增长，从目标价值衡量，那些增值空间不大甚至出现负面影响的树木个体，称为贬值资源。

具备这个理念，很容易在林分培育中确定必要的技术。

10. 木兰林场的恒被林理念（也称复层异龄林）

恒被林（也称恒续林或异龄林）：由耐阴或中性树种构成的异龄复层林，林分内大中小树木皆有，上层木择伐后，下层林木逐渐接替上层木，林下更新持续出现。在经营管理过程中，林地始终覆盖着森林，天然更新不断补充，经济和生态效益持续，是可持续经营的经典模式。

恒被林是异龄林，但不一定是混交林。如果是异龄混交林会更好，异龄混交林是我们追求的最终林型。

恒被林是一个老的概念，只是在近自然林业的时代，它的优点被重新开发了出来。恒被林的主要特点是，它是自然形成的，因此它至少是近自然林（图3-12）。

以上十种新理念，构成了木兰林场新的森林经营观。这十种新理念完全告别了旧的森林经营理念，升华到了现代林业的水平。

图3-12　恒被林，老、中、小树木共存

三、木兰林场的育林技术

1. 天然次生林转变技术

天然次生林，在木兰林场基本都是矮林和中林，其转变技术在理论部分已经说得很清楚，这里只是简单提示一下。

对于矮林，要转变成优质乔林，关键是引入和扩大实生树，但同时也利用矮林作为辅助树生产木材。因此，矮林要疏伐，创造空间让土壤种子发芽生长，形成二代林，储备后期重点培育对象。

对于中林，原则也是一样，就是通过疏伐，让林下出现更多的实生树苗，并且能够生长起来。

上述疏伐作业，在木兰林场一般伐后郁闭度基本在0.6左右，有助于天然实生更新的出现。但是这个问题我国过去没有深入地研究，这里仅供参考（图3-13）。

图3-13　天然次生林的近自然转变（疏伐上林层，期待下林层）

2. 人工林近自然转变技术

人工林的近自然转变，主要的技术路线就是目标树经营。在标记出目标树之后，对干扰树和其他树木进行疏伐，对目标树进行修枝，在保障目标树快速生长的前提下，保持全林的健康生长。一般是每隔5～7年疏伐一次。干扰树的采伐以不影响目标树生长为原则，其他树也要充分关注，及时疏伐，持续提供中小径材。伴随着为目标树解放空间，林下就会长出各种实生树，这个实生树林层很宝贵，它就是未来的主林层，下一代目标树就从中选出（图3-14）。

图3-14　针叶树人工林逐步疏伐后出现的林下更新层

3．目标树经营技术

选树标准：树种优良（木材珍贵、寿命长）、个体突出（干形通直、树冠圆满、树高不低于主林冠层，顶无双头、干无损伤）。

选树时机：最佳时机即树高达到终高的1/2或当前胸径达到目标胸径的1/5左右时进行选择，最大不宜超过目标胸径的1/3。如果选择过早，一方面由于目标树太小，树木个体优势展现不够明显且存在损伤的风险较大；如果选择过晚，错过了目标树质量培育的最佳时期，影响目标树材质。

株数控制：一般目标胸径在60cm左右，每公顷针叶树选择105株左右，阔叶树相对较少。

距离控制：针叶树种相邻目标树一般间距为目标胸径的15～20倍，阔叶目标树因树冠较大，相应距离适当增加。天然林个别情况下可考虑群团状保留。目标树选定以后，用油漆或其他颜料进行标记，便于长期管理。

如图3-15，选择树木B作为目标树，而不是最优势大树（一般是霸王树）或其他劣势、劣质树木。

图3-15　目标树的选择

4．干扰树确定技术

一是空间判断：主要考虑干扰树树冠与目标树树冠之间的关系，如果由于干扰树树冠的存在导致目标树偏冠或形成死枝，必须及时清除；二是距离考量：我们称之为被干扰半径，它等于（目标树当前胸径＋预计下一次疏伐年限×预计目标树胸径年均径生长量）×15或20（阔叶树20～25），如果目标树和干扰树之间的距离小于被干扰半径，说明目标树已经受到干扰；三是频度考量：根据干扰树对目标树的干扰程度，结合生长速率，一般每5年左右清除一次，特殊情况可以提前或延后；四是强度考量：根据林分实际状况，确定干扰树的采伐强度，充分解放目标树；如果目标树冠径比较大，应当降低强度，防止风折，可以通过多次小强度抚育达到解放效果；五是顺序考量：根据干扰程度大小确定采伐顺序，首先根据树冠搭接程度确定，搭接程度越大干扰越严重（图3-16）；在树冠没有搭接的情况下，根据目标树被干扰半径范围内其他树木树干与目标树树干间距确定干扰程度，间距越小，干扰越大；在搭接程度或树干间距相同的情况下按坡位确定干扰程度，上坡位>同坡位>下坡位；最后在搭接程度相同且坡位相同的情况下，按阴阳面确定干扰程度，阳面>阴面。

图3-16　树冠即将搭接或已经搭接，影响目标树生长

5. 修枝技术

　　因为修枝主要是为了促进目标树形成优质材，因此一般在确定目标树以后对目标树进行修枝。修枝高度：幼树阶段修枝高度不超过树高1/3，最终修枝高度不超过树高1/2；有效修枝：在修枝高度内，茬口平滑与树体平行，不留短橛，不形成坑洼；修枝保护：对于粗大侧枝要防止劈裂，最好是先从侧枝下部贴树干向上切，基本切开1/3左右，然后再垂直由上到下切开即可，或者在距离树干较远的地方截断侧枝，然后再将保留的短橛修掉。粗壮侧枝、死枝严重影响树体生长，因此修枝重点是清除树干下部过粗枝条和已经干死的枝，保持良好顶端优势（图3-17～图3-20）。

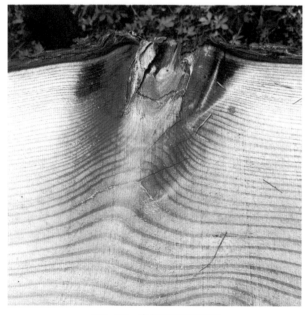

图3-17　未修剪的枯树橛

图3-18　活枝修剪后效果

图3-19　未修枝形成的节疤材

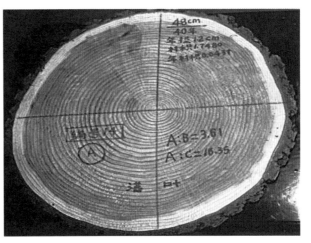

图3-20　经过修枝形成的无节疤材

6. 疏伐强度控制技术

比对收获量表标准值（如没有收获量表，可以参照当地密度控制表）确定是否疏伐和疏伐强度。在疏伐阶段之前的林分可以测算当前树木的高径比，结合高径比大小确定是否疏伐。如华北落叶松一般要求高径比在80～100之间，高于100说明林分过密，林木纤细，树冠较小，需要及时进行疏伐解放空间；低于80说明林分过稀，侧枝过度生长。还可以参考自然整枝高度来判断林分的稀密，自然整枝高度超过树高的1/2说明林内透光不足，营养枝枯死严重，需要及时解放空间。兼顾经营的频度，对近期已经疏伐过的林分，要推迟疏伐时间，防止连续改变森林环境，影响树木生长。

7. 扩穴增温技术

冬去春来，地面覆盖了一层很厚的枯枝落叶，地上温度不能透到土壤，这种情况地面土壤的温度甚至可以比地上温度低10℃以上。人工清除幼树四周地表的枯枝落叶覆盖，提高地温，能有效促进幼苗生长，此种作业一般在河谷沟塘，低洼冷凉地带早春进行。幼树保护：不伤根，不伤茎（图3-21）。

图3-21　扩穴增温

8．折灌技术

对影响幼树生长的萌条灌木通过折断的方式，达到抑制生长、保护幼树的目的。选择性折断，即谁影响折断谁，不影响不理睬，折而不断、伤而不死、活而不壮。折完的灌木在短时间内不会出现复壮生长，同时对草本起到遮阴的作用，减少地表水分的蒸发。折灌的季节以春夏之交效果最好（图3-22、图3-23）。

图3-22　折灌

图3-23　粗壮枝条剪断

9．种源区块布设技术

适用范围：在不便造林或造林困难的瘠薄山地或陡坡山地，在树种比较单一、生长发育不好的纯林，在先锋树较多、优质成林树种较少的林分，在中林、矮林等需要转变的林分，引进适合本地区生长的树种。

技术措施：引进适宜经营区域生长的优质树种（基本成林种或顶极种），或者在适宜地块上通过人工营造的办法建立小面积种源林，培育优质种源。通过种源林的天然下种，为更新提供种子。

树种选择：充分利用现有种源，对林分中现有的珍贵树种个体进行重点保护。通过抚育为其创造生长空间，作为种源母树进行重点培养。对于混交林在抚育过程中有意识保留种源树，尤其利用林缘部分种子容易扩散的有利条件，着重保留林缘部分的现有种源。

位置选择：一般选择在上风口，并且相对需要覆盖的区域应为上坡位，在地势平坦地段可以随机布点。

重点管护：促使其尽快成熟，辅以措施提高繁育能力。

10．林区道路设计

林间道路是开展森林经营的主要基础设施，同样也是森林经营的作业种类。

木兰林场现已修建林路683km，路网密度达到6.4m/hm²。

按照《林区公路设计规范》（LY/T505—2014）要求，木兰林场道路现行选择等级为四级标准，最大纵坡设计一般值不超过12%，特殊值不超过15%。在林路转弯处和外侧陡峭谷深处，为了保证安全驾驶要形成外高反坡，反坡比应在3%～5%（外沿高于内沿高度/路宽）。

为了减少水流在路面长时停留，造成路面积水，林路横截面成拱形。道路拱度（路面中间高度与1/2路宽的比值）应在4%～7%。如果林路外侧陡峭谷深且本路段纵坡大于8%，应降低拱度，宜采用最低值4%，提高安全性。

防止水流长时间顺林路流淌，造成冲刷，在特殊地段修建排水槽。第一种情况：纵坡在8%～12%时，每隔30m最少设置一组排水槽；纵坡在12%～15%时，每隔20m最少设置一组排水槽；水槽要在林路两侧顺林路拱形半幅设置，每两个为一组。第二种情况：在道路转弯处且上坡处，分转弯前、转弯中、转弯后设置分水槽；注意转弯处道路为反坡，因此排水槽要全幅设置。

排水槽规格标准：排水槽深、宽度10cm，底部及两侧三面铺设，上面露天便于清理，两侧之间用铁棍支撑，防止车辆挤压损坏。

排水槽下设技术：排水槽设置时要与路面中线留出30cm空隙。排水槽上沿应与路面持平，走向顺水流方向适当倾斜，不可与林路中线垂直设置。基本保证水槽与林路上坡反向方向夹角控制在45°至

60° 之间。排水槽要与边沟统一使用，确保路面排出的水流入边沟或者路面外沿。

　　林区林道避免使用柏油路面和水泥路面，这种路面冬天不适宜通行，同时也不符合近自然的原则（图3-24～图3-26）。

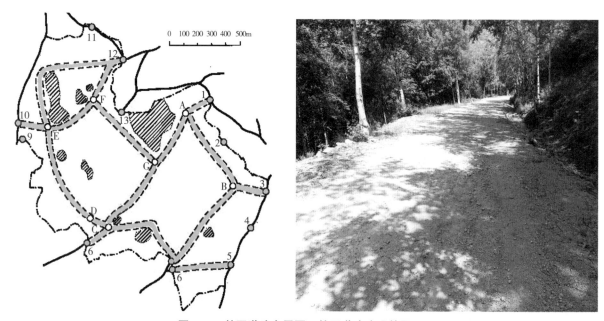

图3-24　林区道路布局图、林区道路建设效果

图3-25　木兰林场的林道排水槽

图3-26　木兰林场的林道"八"字形排水槽

四、木兰林场森林经营案例

1. 木兰林场天然次生林综合经营

（1）木兰林场天然次生林的疏伐

木兰林场的天然次生林育林技术，均体现了上述有关的新理念。

木兰林场大量的天然次生林林龄不一，类型不一，质量不一，一般都是多树种混交。对此类林分木兰林场进行了大量的实验经营。

原则做法是区分矮林、中林和乔林。一般选择相对较好的个体予以保留，然后逐步采伐其他残次林木。如果是处于幼龄阶段，则实行抚育伐，逐步伐去残次个体；如果是中林，则按照中林转变的办法抚育，基本是伐除萌生个体，保留优质实生个体。图3-27、图3-28说明各类予以转变的天然次生林（原样）。

图3-27　应当予以转变的各种天然次生林（一）

图3-28 应当予以转变的各种天然次生林（二）

以下是各类次生林林分的经营情况。现在，这些次生林已经长出实生树，较早干预的实生树已长成细杆材和杆材（图3-29～图3-31）。

从2017年疏伐的中林可以看出，林下已经生长出了实生幼苗。这些幼苗并非同一年出生的，所以有大有小，但是数量很多，过几年完全可以形成林下更新层（图3-32）。

图3-29　疏伐的矮林

图3-30　疏伐的中林

图3-31　2017年疏伐的矮林，林下已经长出实生幼树

图3-32　2017年疏伐的中林

（2）东色树沟天然次生林经营的教益

东色树沟天然次生林是一处矮林，面积并不大，但是，木兰林场在此处的经营探索，开始的比较早，虽走了些弯路，但最终找到了正确的途径。

一条山沟，西边的沟坡已经于几年前皆伐重造了，重造的是落叶松。但是，由于立地较差，成活率较低，同时杂草丛生，幼苗生长受灌草影响很大，同时萌生了很多蒙古栎，就形成了质量不太好的中林〔参见图3-33（上）〕。对面的山坡，被用来做新式的矮林转变实验。此项实验已经五六年，但是期间走了一些弯路。原本早已出现了部分天然更新，由于每年割灌，认识不到位，新生的实生幼树一起割了，所以未能出现新生林层。目前，林场已经改进了做法，给新生实生幼树系上红布条，割灌时予以保留，问题就解决了。

该片森林，下一步的做法是：等待更新层长成细杆材或杆材，开始选择目标树，按照目标树经营体系进行经营。这一做法的好处是比较可靠，可以避免皆伐后重造失败的可能性，同时还可以通过抚育上层林木生产中小径材；同时更新层长成以后还可以形成一处可靠的异龄混交林〔图3-33（下）～图3-35〕。

如果东色树沟这片林分，一开始就通过疏伐，期待形成实生幼林层，那么，经过5年左右的时间，就已经形成了实生林层。这期间，可以进一步疏伐上层林木，生产木材，也为实生幼树提供更多的光照。

图3-33　皆伐后重新营造的落叶松林（落叶松已经很少）（上）；木兰林场东色树沟实验区（下）

图3-34　东色树沟已经疏伐的天然次生林

图3-35　东色树沟实生幼苗被割掉后又萌发出来的实生苗（左）；东色树沟的实生苗（右）

天然次生林近自然转变这个案例，集中地体现了近自然育林理念、树木起源理念、林分转变理念、林分天然更新理念、树种等级理念、树木生长周期理念、增值资源和贬值资源理念以及恒被林理念。整体的经营理念是建立在遵循自然规律、利用自然力的基础之上的，逐步走向优质乔林。

2. 天然栎类林的近自然经营

（1）天然栎类的一般近自然经营方法

木兰林场有栎类资源1.2万hm²，绝大多数都是蒙古栎，其中有栎类幼龄矮林、中龄矮林和老龄矮林。对此，木兰林场都有经营实验（图3-36～图3-38），下面分别加以介绍。

天然落种更新：栎类种子较大，天然更新能力强，加之种子产量较高，通过适当的人为辅助，天然落种更新相对容易。由于蒙古栎是喜光树种，出苗后要及时对小苗进行透光作业，否则天然更新很难成功。

幼树的管理：对植苗造林或其他方式繁殖的栎类幼苗都要加强抚育管理，特别注意清除杂草，以保证栎类幼苗生长有充足的光照。除草抑灌作业一直要做到栎类幼苗生长高度超过杂草和灌丛高度为止。

图3-36　幼龄栎类矮林（一）

对冠下栽植、直播或天然更新的栎类，在达到郁闭后要逐步伐除上层木，以保证幼苗有充足的光照。

杆材阶段：该阶段主要是促进高生长和林木良好干形的形成，由于栎类侧枝生长旺盛，要保持较大密度，才能保证一部分树木有通直的干形和较好的高生长。此阶段主要是通过伐除上层林木或折灌等措施，在伐除上层木时要适度保持林分密度，以防由于树干部分的光照增强而刺激主干生长丛生枝。在杆材阶段末期可以选定目标树，目标树的数量可以适度多选一些，比如当确定目标胸径为60cm时，目标树的数量应当是每公顷80～100株。

目标树的选择，要选择那些干形通直、树冠丰满、生长活力旺盛、无病虫害、具有较高培育价值的优势实生树。对选定的目标树要在胸径处做出明显标记，以便于重点保护和管理。目标树在林内分布要基本均匀。

在选定目标树的同时，要及时对目标树进行修枝，修枝高度一般不超过当前树高的1/3，以保证有足够的营养枝为树体提供营养，自下而上修枝，优先修掉粗壮侧枝（粗3cm以上）。

径生长阶段：该阶段主要是围绕目标树进行疏伐，为目标树生长提供良好的生长环境，促进目标树的径级生长，对目标树生长构成干扰的，要进行疏伐，疏伐强度以目标树冠幅发育不受周边树木影响为尺度。在围绕目标树疏伐的同时要注意保留辅助木，借以抑制树干部位丛生枝的生长，一旦辅助木生长对目标树自然整枝或冠幅生长构成威胁时，辅助木就变成了干扰树，这时就要及时将其伐除。对不影响目标树的其他林木按照间密留稀、留优去劣的原则进行疏伐，提高全林的生长量。抚育强度和次数依干扰树的影响程度确定，一般间隔5～8年。在该阶段也要关注目标树的侧枝生长情况，及时进行修枝作业，修枝高度为树高的1/3～1/2之间。

收获阶段：目标树达到目标胸径，就可以开始对目标树分批次采伐利用，同时对更新层的林木按不同发育阶段及时采取相应的抚育措施，最终实现近自然状态正向演替。栎类寿命较长，达到60cm的目标胸径需要大约150年的生长时间，但其经济价值很高。

适时关注天然更新的形成，对出现的目的树种天然更新进行保护，及时进行幼抚管理，对天然更新数量不足或没有天然更新的要采用破土、割灌、播种、补植等方式促进目的树种的更新，实现二次建群。

图3-37　幼龄栎类矮林（二）

图3-38　中龄栎类矮林

栎类中林、矮林的经营管理：栎类矮林多数长期缺乏有效经营，林相差、干形次、多代萌生。这些林分往往生长缓慢，经济价值低。在木兰林场，这些林分平均蓄积量只有46m³/hm²，由于多数为多代萌生，林分矮化严重，平均优势树高只有8.3m左右。木兰林场的栎类，后来在少量矮林中补植了针叶树或少量蒙古栎（图3-39），但是，人工补植针叶树存在一个针叶化的问题。人工栽植栎类幼苗也是可以的，但是存在一个成本问题。

图3-39　栎类矮林的人工补植实验（栽植针叶树）

我们建议，人工促进林下阔叶树幼苗更新，特别是促进栎类幼苗，这样做是可以成功的。注意如果人工栽植栎类幼苗，尽量不要剪除主根（图3-40）。对于幼龄栎类矮林，则可以继续疏伐抚育，不断生产中小径材（图3-41）。

图3-40　人工补植栎类幼苗（问题是栎类幼苗的主根被剪除了）

图3-41　其实在栎类林下天然小苗可以生长

（2）四合永分场栎类中林经营的教益

天然阔叶混交林，7栎3桦（蓄积组成），林龄60年，420株/hm²，郁闭度0.4，平均胸径22.5cm，优势树高15m，公顷蓄积量88.5m³。林下更新情况：更新树种有蒙古栎、油松、五角枫和云杉，更新密度1050株/hm²。

2010年以来进行了两次抚育间伐，2014年抚育间伐，2019年秋季再次进行了抚育间伐，株数强度32%，蓄积强度19%，伐前郁闭度0.6。

经营目标：提高林分质量，培育优质中大径材林分；人工促进天然更新，构建优质实生二代林。

经营措施：抚育间伐清除质量残次的萌生个体，保留冠形圆满、树干相对通直、无病虫害或损伤的优良个体。蒙古栎桦树混交，优先保留质量较好的蒙古栎，伐除桦树先锋种。因桦树比例较小，当蒙古栎质量较低、无培育前途或桦树不影响蒙古栎时，要注重桦树的保留和培育，保持多树种混交状态。选择优质蒙古栎个体作为种源母树重点培养，建立更新对比样地：样地一郁闭度降至0.4后，进行割灌、破土和架设围栏，促进天然更新形成；样地二郁闭度降至0.4以后，只架设围栏，不采取其他措施；样地三小面积皆伐，皆伐后条状播种（行距1.5m），架设围栏。及时为实生更新幼苗折灌和扩穴，并根据生长需要清除上层林木，增加透光，以保证更新苗木健康生长。

这片林子看起来还算可以，但实际上与它原本应有的生长状况差很远。把这个问题提出来，是让大家知道天然次生林及时经营的重要性。不及时经营，造成的隐性损失，往好里看，就像这片林子一样，往坏里看，它就会退化成稀树荒坡。

图3-42、图3-43是经营良好的栎类林分，我们的经营目标就是应当达到这个水平。

图3-42　经营良好的栎类异龄林分

图3-43　欧洲良好经营的栎类，是我们学习的样板

　　以下是四合永分场的栎类林分，在几十年前缺乏了疏伐。它的特点，一是每棵树的树冠都很小或者基本没有；二是主干材并不通直；三是按照林龄计算，它们生长都较慢；四是几乎每一棵树都是萌生起源的；五是有一些树木的主干上长满了丛生枝。这个后果还算是比较好的，最差的时候，林分演变成了稀树荒坡（图3-44～图3-47）。

图3-44　木兰林场四合永分场的栎类阔叶混交林

图3-45　木兰林场四合永分场的栎类中林

图3-46　欧洲栎类专家到现场评论此处栎类林

图3-47　四合永分场这处栎类中林很有代表性

（3）燕格柏分场的栎类老龄矮林经营

燕格柏分场的栎类矮林，林龄63年，1335株/hm^2，郁闭度0.7左右，平均胸径13.4cm，平均树高9.8m，公顷蓄积量78m^3。

林下更新情况：天然实生，5250株/hm^2，平均高15cm。

对照区：没有进行过抚育作业，1905株/hm^2，郁闭度0.9，平均高10cm。

经营历史：抚育区2013年疏伐，株数强度13.4%，蓄积强度2.8%。

经营目标：改变起源，提高林分质量。

经营现状：多代萌生，林分衰败，已经没有培育价值。计划实施小面积皆伐转变，通过人工促进天然更新、人工补植等措施达到改变起源，二代林培育优质混交林。

首先应当指出这是老龄矮林，基本停止生长。其次应当指出，对这种林分，已不是保护的问题，而是应该建立更新层。应当是疏伐增加透光，让种子发芽，让幼苗成长起来（图3-48～图3-52）。

图3-48　燕格柏分场的老龄栎类林分（一）

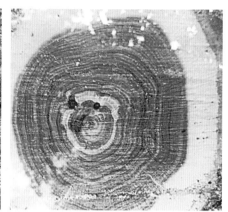

图3-49　立木基本停止生长

图3-50　燕格柏分场的老龄栎类林分（二）

图3-51　燕格柏分场的老龄矮林

图3-52　燕格柏分场栎类老龄矮林的经营（疏开林分、修枝等，等待林下实生苗出现）

天然栎类经营也充分体现了育林新理念。首先，对于栎类矮林、中林的经营，是按照近自然的方法进行的。主要是通过疏伐创造空间，让栎类种子发芽，个别的地方也可以人工补植幼苗，总之是促成实生林层的出现。

四合永分场那片栎类是一个教训，目前是林龄60年左右，栎类多为萌生，主干材弯曲，基本没有树冠，其生长原本应当更快。主要是当年错过了最佳经营期，如果是在最佳经营期进行林型转变，其中的栎类生长应当很好。

燕格柏分场栎类老龄林的经营，也是遵从近自然的转变方法，主要是疏伐上层林木，创造空间，让土壤种子发芽生长。相信今后实生林层会生长起来，从而逐步替代栎类老龄林。

这些理念都体现了木兰林场的近自然育林理念、树木起源理念（区分矮林、中林和乔林）、林分转变理念、天然次生林的近自然转变、林分更新理念、目标树理念、树种理念、树木生长周期理念、增值资源与贬值资源理念和恒被林理念。

3. 落叶松—白桦混交林的近自然经营

在木兰林场，也存在很多落叶松与白桦混生的情况。

对于这类落叶松—白桦混交林，一是白桦是喜光先锋树种，前期生长快，两年后树高就能超过1m，因此灌草对其影响较小；二是白桦树干比较通直，侧枝少；三是中小径材产量比较可观。

落叶松和白桦都是阳性树种，如果进行株间混交，则会产生激烈的竞争，特别是萌生起源的桦树和落叶松混交时，很容易对落叶松幼树形成压制，致使落叶松逐渐衰弱甚至死亡。据木兰林场实验：落叶松、白桦实生苗株间混交栽植后，白桦在10年左右会对落叶松形成绝对压制。而正常生长的落叶松一旦进入高速生长期后，后劲十足，又会对萌生白桦生长产生抑制。经过相互影响，二者都生长不良，在经营中应尽量避免落叶松—白桦株间混交（图3-53）。

图3-53　白桦与落叶松的株间混交

因此落叶松—白桦混交林的经营，一是应当块状混交或团状混交，避免株间混交；二是对现有株间混交林，根据当前落叶松、白桦具体分化状况，采取疏伐的方式，促进其向团状、块状混交发展。

株间混交：在白桦林采伐迹地上栽植的落叶松和采伐迹地上萌生的白桦，形成株间混交林。此阶段林分没有郁闭，相互之间竞争较小，主要的工作重点：一是如果落叶松数量很少（数量达不到成林要求）或不适地适树，同时萌生白桦质量残次，此时就要重新进行人工更新，直接引进适生树种。二是如果落叶松、白桦生长的都很好，这时要通过折灌、割灌，控制灌木生长，对落叶松周边萌生的白桦萌条进行折断，防止其影响落叶松的生长。三是在幼树阶段，林龄较小，有改造空间，应明确每个区块的目的树种，形成块状混交。

总体育林方向是降低株间混交，促进群团状混交。此阶段需要保持较高密度，促进良好干形的形成。必要时可以进行适当的透光管理，透光时机和强度根据林分实际状况（自然整枝情况和高径比大小）。

此阶段要尤其注意避免形成不良种间竞争，因萌生白桦生长较快，很容易对落叶松生长构成威胁，因此要及时清除影响落叶松生长的萌生白桦。

符合目标树经营要求的优先选择目标树经营，培育优质大径材；林分质量残次（大多为多代萌生林木或树种不适地适树生长不良），基本没有生长量，可以转变成其他林分。

到径生长阶段后期，白桦基本达到收获年龄，此时需要对林分内的白桦进行收获，同时加大落叶松的疏伐力度，为天然更新创造条件，同时辅以破土、割灌、封育等措施，促进落叶松林下天然更新。

带状混交：人工栽植落叶松纯林带，培育天然更新白桦林带。一般落叶松带宽30～50m，栽植密度控制在2m×2m，或2m×1.5m均可；白桦带宽20m左右（图3-54）。这是木兰林场的做法，不同区域、不同树种应结合实际情况适当调整。

块状混交：落叶松块和白桦块交替分布，可结合造林地块的小地形分布情况确定混交块分布，混交密度可参照带状混交。

一般情况下，落叶松很难形成有效更新，一般采取直接人工植苗。在有种源或采伐迹地上白桦天然更新能力强，通过人工辅助更新措施能有效促进天然更新，基本更新苗木数量能满足建群需求。当实生苗数量较多、质量较好时，也可以保留使用。

群团状混交林：白桦生命周期较短，收获较早。在白桦达到收获标准前20年左右，首先对白桦群团进行更新建群，更新完成后，对白桦进行收获利用。待落叶松群团达到收获标准前20年，再对其进行更新建群，更新完成再收获利用。这种方式需要采取块状收获的措施，即更新一块收获一块，适宜构建异龄复层群团混交林。

落叶松—白桦混交经营同样遵从了近自然的理念。它按照树种的特性引导树木发育，主张规避落叶松和白桦的株间混交，而主张带状混交或块状混交，从而规避了树种间的生长冲突。

图3-54　经营方式之一：人工落叶松、天然白桦带状混交

4. 白桦矮林的近自然经营

在木兰林场，白桦矮林是一个重要林型（图3-55）。对此类白桦矮林，一般是在原有萌生白桦基础上加以抚育，或者对于过密的白桦林进行疏伐，或者对于过多丛条应抹掉。总之基本上是利用原有白桦矮林，让其继续生长，以生产中大小径材。等待皆伐或者疏伐时，促进林下生成实生苗，并借以转变成实生林（图3-56～图3-59）。

图3-55　白桦矮林的经营实验区

图3-56　多代萌生的白桦林，此种林分寿命较短，不能成材

图3-57　多代萌生的白桦林，此种林分寿命较短，难以成材

图3-58　多代萌生的白桦林

图3-59　疏伐的白桦矮林

这里，白桦林也是近自然经营的。首先是疏伐白桦林，按质量优劣确定采伐对象，优先伐除残次个体，保留高质量个体，保留树不要求均匀保留，林间空地更容易形成有效更新。随着上层林木对空间的需求加大，逐渐疏伐，生产中小径材，在最终收获前培育二代林，这是一种极为顺应自然的做法。

5. 山杨林的均质经营

所谓均质经营，就是全林统一经营，按质量确定留伐。在木兰林场，这也是一种类型，木兰林场实际上是对根萌且质量较好的山杨、林龄较大的落叶松人工林等做了均质经营。

山杨（*Populus davidiana*）为杨柳科杨属的落叶乔木，高可达25m，分布广泛，在国内自黑龙江、内蒙古、吉林、华北、西北、华中及西南高山地区均有分布，垂直分布自东北低山海拔1200m以下到青海海拔2600m以下，湖北西部、四川中部、云南在海拔2000～3800m之间。多生于山坡、山脊和沟谷地带，常形成小面积纯林或与其他树种形成混交林（图3-60、图3-61）。

山杨为强喜光树种，耐寒冷、耐干旱瘠薄土壤，在微酸性至中性土壤皆可生长，适于山腹以下排水良好肥沃土壤。天然更新能力强，在东北及华北常见于老林破坏后，与桦木类混生或成纯林，形成天然次生林。根萌、串根能力强，难成大材。

山杨木材白色，轻软，富弹性，相对密度0.41，供造纸、火柴杆及民房建筑等用；树皮可作药用或提取栲胶；萌枝条可编筐；幼枝及叶为动物饲料；幼叶红艳、美观，可供观赏。

由于山杨的木材价值很低，一般来讲其经营技术路线采取下层抚育方式即可，间密留稀，去劣留优，最终培育中小径级木材。如果想培育径级稍大一些、材质更好一点的木材，也可以按照目标树育林的方式进行（图3-62）。

由于山杨不属于长寿树种，林龄过大后木材容易出现心腐，所以一般将山杨的目标胸径限定在50cm以下。在终伐前，要提前考虑林下更新的问题，以促使二次建群。山杨多数是以串根的方式进行更新。此外，对林分中的珍贵树种，如五角枫、花楸等要加以保护，保留生物多样性。达到了目标胸径以后，就可以进行采伐。

山杨萌生能力强，通过天然下种实现实生更新的能力较差，基本不能实生更新。在二代林建群过程中，控制萌条的生长非常重要。对于串根萌生的山杨可以通过断根的方式，切断横向生长的根，促进植株幼化，这样能有效提升树木生长活力。

图3-60　山杨林分（一）

图3-61　山杨林分（二）

图3-62　山杨林树干通直，长势较好，短期内能培育中小径材

以下山杨林分，质量较差，必须予以经营，一般是疏伐掉干形较差的，培育新植株（图3-63、图3-64）。

图3-63　较差的山杨林

图3-64　适于转变经营的山杨矮林

6．落叶松人工林的近自然转变

这里，我们较详细地讲述木兰林场的人工林天然化经营。

（1）原有的落叶松人工林

过去的人工林追求人工化，忽视利用自然力，是丢掉了生态系统的力量，使得木材生产潜力没有得到有效发挥。今天的人工林追求近自然、异龄混交、长周期和生物多样性。

人工纯林，应走向近自然化，逐步转变为异龄混交林，并尽可能天然更新。

工业原料林，传统上采取农业方式。但是，适当引用一些近自然的方法，会产生降低投入、提高产出和改善生态环境的效果。

木兰林场的落叶松人工林占有很大比例。这些人工林，有一部分处于保护区内，基本没有经营，密度大，自然整枝较高，只有树梢还是绿的。参见图3-65。

对于一般性的人工林，推荐"以目标树为架构的全林经营"的人工林模式。参见图3-66～图3-69。

图3-65　保护区落叶松人工林（纯林、密实、枝丫只剩梢头有绿色）

图3-66 落叶松人工林（形干阶段）

图3-67 原有落叶松人工林（形干阶段）

图3-68 经过疏伐管理的落叶松人工林

图3-69　原有落叶松人工林（纯林、密实、枝丫只剩梢头有绿色）

（2）落叶松人工林的近自然转变

木兰林场的龙头山种苗场落叶松人工林经营，是人工林经营最成功的样板。围绕目标树开展全林经营。经过几次疏伐，林分密度疏开，树木的生长活力重新激发出来了。疏伐围绕选定的目标树而开展。对于那些非目标树，只要不影响目标树的生长，仍存留下来，让其继续生长。

2013年开始的疏伐，现在林分状况发生了天翻地覆的变化。参见图3-70～图3-77。

这片人工林今后的去向：每隔5～7年进行一次疏伐，每疏伐一次，生产出质量更好一些的原木。林龄到60～70年的时候，由于林分密度很低，林下的天然更新层生长更加健康，有些已经长成为细杆材或者杆材，到那时再对更新层进行适当的疏伐，同时选出一部分目标树。到当前目标树达到预定目标时，再收获目前的目标树，更新为天然林，这一天然林层就会形成多树种的混交林。在欧洲，落叶松的经理年龄为120年。二代林成功建立之后，面对的基本就是一处近天然林了。

图3-70　木兰林场落叶松人工林"以目标树为架构的全林近自然经营模式"

图3-71　落叶松人工林的目前现状

图3-72　疏伐后的落叶松人工林

图3-73　落叶松林下已经出现了天然更新层

图3-74　落叶松林内已经出现的天然更新层

图3-75　落叶松人工林内出现的天然更新层

图3-76　在落叶松人工林内合影留念

图3-77　最终形成这种异龄混交林（永久性森林）

整个过程，木材生产并未减少，反而增加了大量的优质大径材，林场的收益更加可观。

人工林的近自然转变也是我国的一个现实问题。我国的人工林占了全国森林总面积的36%，其中大部分都属于防护林、水土保持林等生态防护林，均需作永久性保留。这样，就存在一个向近自然森林转变的问题，因此该项实验具有现实意义。

五、流域的统一经营

现在，国家倡导山水林田湖草沙统一治理，这其实是对于生态恢复的基本要求。这个问题落实到林业上，主要是要把那些林分不连贯的林区连贯起来，并且统一作业。

木兰林场在这方面做了成功的尝试，同时流域经营也充分体现了森林景观优化和恢复的理念，通过从整体上优化树种配置、林龄构成和林层结构，提升景观质量。

在实际营林生产过程中，一般是按照生产任务项目的不同，分门别类完成各类生产规划设计方案，后进行实施。为便于上述的规划设计，通常各生产单位都要根据立地条件、林分特点等因子的不同，将森林资源划分为大小不等的小班。在作业设计时以小班为单元进行，最终将任务项目相同的小班统计到一个设计方案内，如造林方案、抚育方案、封山育林方案等等。以小班为单位进行规划设计和组织生产，具有设计精准、便于操作的特点。

但是单纯以生产任务的异同进行规划设计，指导生产，存在着弊端。按照某一作业任务进行规划设计时，相邻的作业小班之间由于立地条件或林分类型不同（如果相同的话就可能合并为一个小班了），往往设计任务不同，而相同作业任务的小班往往又不在一块儿，小班之间的距离甚至非常远，所以形成了同一任务不在同一区域分布，同一区域的任务不在同一方案中体现，同一区域的任务也就不在同一时间实施。另外单纯从作业任务的角度去规划生产任务，对相邻的小班几乎不去考虑。长此以往，总是零散化布置任务，就缺乏从整体上对林地进行科学管理，容易出现经营盲区，造成部分林地经营管理不及时。

鉴于这种弊端，木兰林场提出"流域经营"的生产布局模式，即把流域作为一个大的作业单元，按照"整体经营、综合设计、集中作业"的原则，以小班为单元，逐沟逐坡进行设计作业，对流域内不同林分、不同经营类型，采取"宜造则造、宜抚则抚、宜转则转、宜封则封"的方式，实现流

图3-78　木兰林场的流域经营布局

域经营的一次性全覆盖，这样有效降低了生产经营成本，大幅提高了经营效率，充分发挥了林地的
生产力（图3-78）。

目前，木兰林场共规划出200hm²以上的流域67个，涉及林地面积5.6万hm²以上。已经形成的标准
流域30个，综合治理林地面积2.8万hm²以上，流域内林相优美，路网通达，森林的生态功能日趋完备。
参见图3-79～图3-82、表3-1。

图3-79　经营前流域内各类型林地零散分布

图3-80 沟塘造林

图3-81 流域经营效果（一）

图3-82　流域经营效果（二）

表3-1　木兰林场流域规划统计

分场	面积（hm²）	保护区占比（%）	完成比例（%）	列入本经理期比例（%）
四合永	1043	0	100	100
新丰	4461	0	26	26
八英庄	1944	0	100	100
山湾子	9423	0	100	100
龙头山	4135	0	100	100
北沟	3495	0	100	100
桃山	7245	49.3	59.1	50.7
孟滦	7656	11.3	59.3	59.3
燕格柏	8196	71	42.4	29
五道沟	5980	17.9	82.1	82.1
种苗场	2568	0	100	100

六、经济效益对比

按木兰林场的样地数据推算，总体来讲，天然次生林转变经营比皆伐经营在75年的经营周期内，每公顷多收获33m³蓄积量。出材率按70%，净利润按300元/m³计算，每公顷比皆伐多收入6930元。

落叶松人工林传统经营每40年皆伐，两个轮伐期共可生产木材411m³/hm²；80年近自然转变可生产木材447m³/hm²。总产材相差不大，但是近自然转变中包含了281m³的优质大径材，而传统皆伐经营中没有优质大径材。

传统经营总投资：134550元。总收入：国内中小径材市场价基本为650元/m³，计650×411=267150元。总利润：267150-134550=132600元。

近自然经营总投资：197900元。近自然经营总收入：1203800元。总利润：1005900元，是皆伐作业的7.6倍。

无论什么情况下，近自然经营都比传统经营收益增加很多（表3-2、表3-3）。

例1　皆伐与转变经营的经济对比

林分概况：面积5.4hm²，树种组成为4白4黑2杨+栎，林龄55年，密度为480株/hm²，蓄积量为75m³/hm²，平均胸径为18.9cm，优势树高为17.8m，林下有五角枫、蒙古栎、白桦、山杨更新，密度约为750株/hm²。

经营情况：2015年进行疏伐作业，伐后密度为390株/hm²，蓄积量为279m³，伐后平均林龄为55年，平均胸径为17.6cm，优势树高为16.5m。共采伐蓄积量124m³，产材94m³，木材销售金额为59600元，2015年在林冠下进行造林，投入22773元，幼林抚育4次、破土促进天然更新1次。

比较分析：经济效益，整个经营期为75年，转变经营比皆伐作业，每公顷多收获33m³蓄积量。出材率按70%，净利润按300元/m³计算，每公顷比皆伐多收入6930元。

表3-2　经济效益测算

作业方式	作业面积（hm²）	本次采伐蓄积量（m³）	产材（m³）	木材收入（元）	成本合计（元）	木材成本（元）	造林投入（元）	幼抚投入（元）	破土投入（元）	剩余蓄积量（m³）
转变作业	5.4	124	94	59600	65772	25245	22773	12912	4842	279
皆伐作业	5.4	403	305.5	193700	150875	82046	55917	12912	0	0

表3-3 转变经营剩余蓄积量生长统计

当前林龄（年）	当前蓄积量（m³）	生长率	5年后剩余蓄积量（m³）	收获蓄积量（m³）
55	279.000	0.041	341.081	102.324
60	238.757	0.036	284.941	85.482
65	199.459	0.036	238.041	71.412
70	166.629	0.036	198.860	198.860
合计				458.079

生态效益，转变经营比皆伐作业每公顷多收获33m³蓄积量，按每立方米蓄积每年固碳1.83t，释放氧气1.62t计算，可固碳60.4t，释放氧气53.5t；每公顷林地每年吸尘63t，比无林地多蓄水300t。

例2 落叶松人工林两种经营方式的经济效果比较

传统经营：周期内平均收获蓄积量257m³，平均39～42年，两次收获需用时约80年。总收获量514m³，中、小径材出材514×80%=411m³。造林、幼林抚育两次（表3-4）。

成本：造林2次，按密度3300株/hm²，营养杯造林1次成活，栽植费和苗木费4元/株，共投资：3300×4×2=26400元。幼抚6次，每公顷投资900元，共计6×900=5400元。抚育按产材投资250元/m³，411×250=102750元。总投资：134550元。

收入：国内中小径材市场价基本为650元/m³，计650×411=267150元。

利润：132600元。

近自然经营：周期80年，造林1次、幼林抚育3次，预计终伐目标树胸径60cm，105株/hm²（参考木兰林场落叶松收获量表，推算常规经营到80年能实现胸径是49cm。按目标树到60cm可以实现），蓄积量312m³（查阅承德一元立木材积表）；其他保留树间伐蓄积量208m³（参考收获量表，终伐蓄积量

表3-4 落叶松生长蓄积量统计

样地编号	终伐林龄（年）	间伐次数	公顷间伐蓄积量（m³）	公顷终伐蓄积量（m³）	公顷总生长蓄积量（m³）	2周期蓄积量（m³）
样地1	39	4	118	106	224	448
样地2	42	4	121	149	270	540
样地3	41	4	137	158	295	590
样地4	42	3	99	141	240	480
平均蓄积量（m³）			119	139	257	514

占总收获蓄积量60%），总蓄积量520m³。出材：大径材312×90%=281m³，中小径材208×80%=166m³（表3-5）。

成本：造林1次，投资13200元；幼抚3次，投资2700元；抚育按产材投资：中小径，250元/m³，大径材500元/m³；166×250=41500元，281×500=140500元；总投资：197900元。

收入：中小径材650元/m³，大径材借鉴德国市场行情，基本为中小径材的6~20倍，因此我们以6倍进行计算，166×650+281×650×6=1203800元。

利润：1005900元。

表3-5　近自然经营与传统经营效益对比

经营方法	经营周期	总时间（年）	公顷总收获蓄积量（m³）	总产材（m³）	大径材（出材率90%）（m³）	中小径材（出材率80%）（m³）	成本估算（元）	收入估算（元）	利润（元）
传统经营	2	80	514	411	0	411	134550	267150	132600
目标树经营	1	80	520	447	281	166	197900	1203800	1005900
对比（%）			101	108			147	451	759

近自然经营的森林在收获前完成二次建群，不会造成生态功能的间断。而常规经营的皆伐不仅会造成生态功能的中断，还增加了造林和未成林抚育成本。

近自然经营一般在造林25年第一个收获期开始后，每间隔7~8年都会有不间断的收益，而且会一直继续下去。终伐后，20年前冠下更新的二代林8~10年后又可实现收益。常规经营收益低下，间隔过长，一般要25年左右，而且不可持续。

木兰林场有很多松类人工林，主要的是落叶松，基本上都进行了经营。

七、人力资源的开发

木兰林场十分重视人才培养，从一开始就把森林经营探索这件事作为全场的事情。经常性组织专业技术人员到国内外森林经营先进单位观摩学习，结合本场实际开展实验经营。同时也经常邀请国际、国内知名专家现场指导，培养了大批不同年龄、不同梯次的技术人才，充分保证人才延续和接替（图3-83~图3-86）。

木兰林场经常召开研讨会、宣讲会，也经常组织现场交流会，到现场开展实地交流。如此一来，木兰林场形成了全场的森林经营氛围，涌现出了一批又一批的高水平技术人员，打造出一支约200余人的掌握理念、技术纯熟的技术团队。现在，木兰林场这些技术人员基本已经达到了可以自己开展新式的森林经营活动的水平（图3-87~图3-89）。

图3-83　组织技术人员到德国考察学习　　　　　　　图3-84　组织技术人员到东北考察学习

图3-85　组织技术人员到甘肃省小陇山林业实验局考察学习

图3-86　邀请专家现场指导

图3-87　现场培训，各分场技术人员分别担任讲解员

图3-88　森林经营技术现场培训与指导

图3-89　森林经营技术现场培训

外省也邀请木兰林场的年轻人前往帮忙。例如，黑龙江省丹清河林场、山西省交口县国营林场、云南普洱市林业局、宁夏六盘山市等多个森林经营单位特别邀请木兰林场的林业技术人员到实地介绍木兰林场的经验做法，现场演示目标树选择、挂号调查等先进技术（图3-90～图3-92）。

图3-90　到宁夏六盘山介绍木兰林场经验

图3-91　木兰林场青年人应邀在山西交口县进行天然次生林经营指导

图3-92　木兰林场青年人应邀到黑龙江省丹清河林场推广经验

　　表3-6列举了木兰林场主要技术人员，除此之外还有更多的技术人员长期工作在生产一线，这里不再一一列举。木兰林场的这个团队，全部都掌握了本书所列的理论基础。这个团队能在各种不利的情况发生时，坚持既定路线。

表3-6　木兰林场主要技术人员

单位	姓名	人数
场领导	曹运强、田国恒、钟德军、赵久宇、崔同祥、王桂忠、张利民、刘建立	8
森林生态修复与培育科	周庆营、李艳山、金春生、吕康乐、刘帅、刘超、任光宇	7
科技科	崔立志、张学民、李孝辉、郭敬丽	4
资源管理科	李艳红、曹宝杰、巩建新、赵会艳、刘凯廷、李惠丽	6
其他业务科室	张恩生、高泽军、蔡胜国、李贺明、高资、杨文学、兰永生、徐满、李峥晖、张国强、姚丽芳、周志庭、郭延鹏、张建立	14
规划院	支乾坤、王辉、梁玉龙、张凤山、魏士忠、丁赓、席常新、李艳秋、胡国林、李文东、巩军权、方旭、窦宏海、张旭、刘沛源、曾繁伟、姜楠、张万红、魏天玉、孙文、宋宏博、杨磊、崔红敏、田益宁、刘志宇、王祺龙、吴鹤岩、韩建利	28

单位	姓名	人数
四合永分场	剪文灏、王军、孙建峰、黄小军、曹艳红、屈金伟、张建伟、于海洋、王敏、刘文艳、谭云龙、温志伟、姜洋、关昊祺、姜宇、那继宏、赵阳、魏燕林、辛树军、董瑞	20
新丰分场	凌继华、赵国华、于泊、卢银平、吴海民、靳龙、刘继龙、袁宇飞、段秀柱、刘超、于海军、孙丽娟、曾凡明、高明达、张新民、石丽军、梁权、刘永丽、姜涛、姜孝龙、张大伟（大）、张大伟（小）、张艳华、郭建伟	24
克勒沟分场	姚卫星、黄永新、陈永军、张立民、李宝民、林杰、王恺、胡继伟、黄伟、荣思梦、安静伟、佟艳武、张立功、段成江、杨静、白杨、罗晨	17
八英庄分场	原民龙、绳亚军、任志军、孙建伟、孙宝成、罗文娟、李明桂、刘威、张宏宇、陈丽敏、赵艳辉、赵艳杰、焦志强、张海东、张文军、唐士阁、赵鑫、苏存威、朱明华、刘晓利、王佳、蔡兵	22
山湾子分场	隋玉龙、陈志刚、张政兴、周长亮、胡维军、李小乐、韩小军、那继伟、陈圆圆、李春辉、郭佳、田立新、张立、黑会永、周宏宇、杨洋、韩博文、张婉楠	18
龙头山分场	于树峰、纪晓林、李永祥、张汝杰、刘学东、曹艳辉、孔庆成、孙立文、汪林峰、谭淑林、刘远钊、张晨光、张利军、曹立山、焦志明、李春秋、李伟征、吕泳、刘国萍、冯雪雷、傅雷、李娜、魏然、刘家丞、卓嘎拉珍	25
北沟分场	程旭、尤立权、黄永辉、任洪江、孟凡军、李淑春，肖志军、赵卫国、刘海山、黄永梅、张海英、廉维维、张鹤，白景坤、马建民、智秀涛、闫力军，王磊、谢爽、康智慧、吴广为	21
燕格柏分场	尤建民、屈柏林、陈志国、崔立奇、王广海、王洪力、李文轩、汪林英、林泽明、王雷灼、陈爱国、董宇、王利、尹慧、周学军、刘术章、闫民、王宝山、周新、程凯茵、王建博、孙凯	22
桃山分场	王玉峰、陈继东、龙在海、杨饶华、王立辉、马雷、任佳美、马宁、于茂林、许青、胡阳、侯颖、于长江、李志强、高立军、王利民、赵万利、李婷、李策、孟令宇、徐婷	21
孟滦分场	刘广营、张二亮、卢金平、周海明、刘志鹏、薛华超、魏浩亮、李永龙、马娇娇、李建超、岳文超、姜海涛、刘海龙、许云龙、佟柱、袁慧章、孙凯、焦健、姜洪财、闫增光、张冬梅、关宇航、郭艳华	23
五道沟分场	王海东、李校、关春辉、孟凡杰、张政强、马荣、韩翠君、王兴、李力伟、丁万林、杨彦军、王大勇、刘佳、孙艳武、暴永鑫、张胜利、刘晓东、刘虎、赵丽华、刘莹莹、崔智珲、吴丹丹、徐伟男、何新华、邵孟超、段君则	26
龙头山种苗场	许雪飞、李云飞、张宝祥、杨永超、王丽、侯桂群、马宁、冯铁成、陈树青、李博、王典娜、吕九寅、王海涛、单楠、黄威娜、刘继颖、宋莉	17
合计		323

参考文献

《曹新孙文集》编委会, 2012. 曹新孙文集: 汉、英、法 [M]. 沈阳: 辽宁科学技术出版社.

陈大珂, 周晓峰, 祝宁等, 1994. 天然次生林: 结构、功能、动态与经营 [M]. 哈尔滨: 东北林业大学出版社.

陈嵘, 1932. 造林学各论 [M]. 上海: 金陵大学.

陈嵘, 1953. 造林学特论 [M]. 上海: 金陵大学.

陈朝圳, 陈建璋, 2015. 森林经营学 [M]. 台北: 正中书局.

汉斯·迈耶尔, 1989. 造林学: 以群落学与生态学为基础 (第三分册)[M]. 肖承刚, 王礼先, 译. 北京: 中国林业出版社.

辽宁省林业学校, 1989. 森林经营学 [M]. 北京: 中国林业出版社.

刘慎孝, 1976. 森林经理学 [M]. 台中: 广益印书局.

孟宪宇, 2006. 测树学 [M]. 北京: 中国林业出版社.

盛炜彤, 1986. 关于提高杉木材生产力的几个问题[J]. 浙江林业科技(1).

盛炜彤, 2016a. 我国应将天然次生林的经营放在重要位置[J]. 林业科技通讯(2):10–13.

盛炜彤, 2016b. 关于我国人工混交林问题[J]. 林业科技通讯(5):12–14.

叶镜中, 孙多, 1991. 森林经营学 [M]. 北京: 中国林业出版社.

易宗文, 1985. 森林学 [M]. 长沙: 湖南科学技术出版社.

赵立群, 翁国盛, 高秀芹, 2006. 次生林综述 [J]. 防护林科技 (5): 47–49.

朱教君, 2002. 次生林经营基础研究进展 [J]. 应用生态学报 (12):168–173.

Michel H, 1983. Ameliaoration des taillis par balivage intensif[M]. Pasis: IIe édition, idf.

Marc B, 1994. Forêt et silviculture, traitementdes Forêt[M]. Les presses agronomiques de Gembloux A. S. B. L.

Lanier L, 1994. Precis de Sylviculture[M]. IIe édition Nancy (France): ENGREF.

Yves Bastien, 1999. Forest, typologie des peuplenents[M]. Nancy (France):ENGREF.

Yves Bastien, 2001. Conversion–Transfiormation[M]. Nancy (France):ENGREF.

Girard L, 2009. La conduit et la conversion des taillis[M]. Bretagne(France): CRPF.

Yves Ehrhart, 2018. Management of the naturally regenerated tempered forests[R]. 北京: 北京林业大学 "新时代的林业科学" 论坛.

树木起源包含着天然次生林运行的全部密码

一、这四张图片，你能读懂吗

我们在这里晒出四张图片，并就每张图片提一个问题。您若能回答，就说明已懂天然次生林，否则，说明您在天然林领域还不太懂。

附图1-1：这片林子的大部分幼树都在枯死之中，这是为什么？

附图1-2：这片林子树种一样，立地条件一样，林木发生年龄一样。为什么大部分树枯死了，另一些树还活着？

附图1-3：灌丛中只有零星萌生树，林地基本被杂灌占领。这是为什么？

附图1-4：一处老龄林分，林下基本没有灌层，这是为什么？

附图1-1

附图1-2

附图1-3

附图1-4

答案是：

附图1-1是一片幼龄矮林（也叫萌生林）。阔叶林被破坏以后会转变成萌生林，也叫矮林。这些萌芽生长极快，甚至一年可以长高2米，但它们却会在头20年内成批地死去。这种死亡潮，一般20年内会出现3次。

附图1-1提出了重要的林学概念。如：什么是矮林？矮林的发育规律是什么？如何把矮林转变成乔林？如何借助矮林的自然稀疏规律帮助实生树木的出现和建群？如何利用萌生树为培育实生树服务？

附图1-2是一处老龄中林，所谓中林，就是萌生树与实生树混生的林分。因为萌生树寿命短，这片林子里的萌生树已到了老化、枯死阶段，而实生树因寿命很长，还在生长。

附图1-2也包含着一些林学问题，如：中林是个什么概念？中林的发育规律是什么？中林的郁闭模式是什么？这种中林经营是否对树木一视同仁？什么情况下可以经营中林？等等。

附图1-3，是一处稀疏中龄矮林，它实际上是附图1-1林分演变的下一种状态，即在多次自然稀疏后，萌生林走出了幼龄阶段，但因剩下的萌生树太少，无法郁闭，林地被杂草和灌丛占领。这样的稀疏中龄矮林是很常见的，原因是幼龄矮林没有得到及时抚育。

附图1-3中，那些尚处于中龄阶段的萌生树，无论让它们继续存在多久，林分也不会变好，若予以清除，又会把全部林地让给杂灌。次生林到了这个地步，前期的被动保护反而形起了破坏作用。因为，无论如何，土壤种子都很难发芽和存活，能存活的也很难建群。这就是吴中伦团队50年前在小陇山研究描述过的萌生林不经营会回到"原点"的现象。这种林分的优化经营难度很大，但现实中却很普遍。

附图1-3也提出了一个很重要的林学问题：如何将这种稀疏中龄矮林转变成以实生树占主体的乔林？这个情况全国各地并不少见，如何借助现有中龄萌生林向实生林转变，属于天然次生林经营的攻关课题，但未见有人去攻关。

附图1-4是一片老龄矮林，是附图1-1林分类型在立地条件较好情况下形成的又一种情况。其实就是自然稀疏后留下来的萌生树较多，一些区段可以郁闭，林下基本没有灌层，但也很难有实生幼树存活。这种老龄矮林也很普遍，在山西、辽宁、吉林等多地都大量存在。

附图1-4提出的林学问题是，这种老龄矮林到了这个阶段，经营的首选作业是什么？老龄矮林如何建立更新层？关键是什么时候疏伐、透进阳光以及让土壤种子发芽。疏伐强度大了、小了都不行。透光多了会放纵灌丛和杂草疯长，透光少了种子即使能发芽也会死去。如何做到既不让灌丛和杂草疯长，又可以让实生苗发芽、存活与成长，是一项巧妙的技术。

但大自然有时会自动地形成极其有利于实生苗生长的同时又恰到好处地抑制灌丛和杂草的生长环境，聪明的人从这种自然样地会学到很多知识。各地懂得天然林的人，他们也会巧用自然力获得更新层，但不懂天然林的人会反复失败。这个课题的主题就是"天然次生林的近自然转变"，但现在未见我国有人研究。吴中伦团队在小陇山做过类似实验，因为他们发现当初经营的栎类次生林，公顷蓄积180m³以上。

大家看得出，读懂这四张图片，有一个共同的视角，就是首先要看它们是实生的、还是萌生的。

树木起源，其实就是读懂天然次生林的密码。这篇文章，试图传播的就是这个理念。

二、树木起源包含着天然次生林运行的全部密码

在我国的林业文献中，说到起源，都是指天然林或是人工林。准确地说，从这个意义上说"起源"，实际是指"林分起源"。而本文这里使用了"树木起源"术语，以示区别，表示树木是由种子形成的，还是指萌发、扦插等形成的。其实，在欧洲，国家森林清查，除了面积、蓄积量，第三位的就是清查林分是乔林、中林还是矮林。

1. 树木的两种起源决定了林分的两种发育轨迹

一般情况下，一个树桩可以发出几个到几十个芽，它们拥挤着生长（参见附图1–5左图），然后再一批批死亡，最后剩下几根或一根。

萌芽的部位有三个，一个是伐桩断面的周边皮层，一个是伐桩周边主根部位，一个是远离伐桩的根系。伐桩断面周边皮层上的芽（萌条）最差，因为很容易随着墩皮腐烂而死亡，主根萌芽（萌蘖）品质稍好，远处根系的萌芽（串根苗）最好，它的品质接近种子苗。参见附图1–5中、右图。

绝大多数的阔叶树都可萌生。绝大多数的针叶树不能萌生。杉木可以萌生。

其实，即使树木未被砍伐，主干上也可发生萌芽，而且离地不同高度上的萌芽品质也不一样。1984年，法国有一个叫Ydiis Aumeeruddy的学生，提交了一份《树木萌芽更新研究》，较系统地探索了这个科学领域，据说他现在已经是知名的林学权威。因与本文主题关系不大，这里不予论述了。

附图1–5　树木的萌生，及三种萌芽

实生乔木一旦转为萌生起源，树木的各种性状都会发生改变，包括树木形态、生长轨迹、树木寿命，甚至木材材性。依树种不同、伐桩年龄不同，树木的生长活力也不一样，总之这些性状会影响林分的功能和前途。

这样，我们已知的那些森林经营理论和技术就不适用了，或者就没有针对天然次生林的理论了。

在我国，有一句流行得很广也很久的话："远看青山常在，近看永不成材。"其实，原因就在于树木起源由实生转变为萌生了，而萌生林靠自身演替成优质乔林，此期间它要经受几次生生死死，需要多少年就不得而知了。

已知萌生树及其组成的萌生林有太多的劣根性。

首先，萌生树的生物学年龄，是它赖以萌生的母树桩的年龄（桩龄）再加上萌生树本身的年龄（树龄）。如果树桩老化，萌生树会很快衰败、枯死。一般树种的萌生起源的树木，其寿命只有同一个树种实生树木的几分之一甚至几十分之一。以杨树、柳树为例，实生的杨树、柳树的寿命可以达近千年，而萌生的（包括扦插的）只有三四十年。当然，它们的生长曲线也不一样，参见附图1-6。

附图1-6是欧洲的一个统计，竖轴是生长量，横轴是年龄。红色曲线代表萌生林，黑色曲线代表实生林。附图1-6表示，萌生林头20年生长极快，但在大约十几年后，生长速度会如滚石一般跌落，到四十几年就不再生长。

不难理解，这就造成了萌生林的短寿命、多病害、不稳定和不卫生，更主要的是它无法形成高大林分，不能培育出优质用材。如果各种防护林是萌生林，那么它就会经常出现死亡的树木，所以要经常造林。其实，萌生林就是一个树木坟场（附图1-7）。

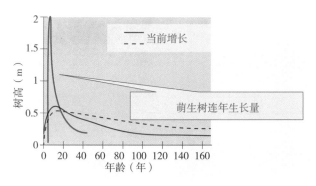

附图1-6　萌生林的发育规律：速生、速死

附图1-7　一片老龄中林。
萌生树已经枯死、倒伏，而实生树还在生长

因此，在森林经营上，都要把萌生林转变成实生林。以德国为例，德国人的关注点虽然在人工针叶纯林转变为近自然混交林上，但是，一旦因风灾、火灾等产生了矮林，他们也会很干脆地转变为实生林，这个理念在德国很明确。

不过，利用萌生林早期速生的特性，经营薪炭林、工业原料林等，恰好可以扬其速生之所长，避其短命之所短。

在实生树和萌生树混生的林分里（中林），萌生树只能充当下林层。这又导致中林郁闭模式变得较复杂。郁闭模式又决定了抚育模式。中林至少有两个林层，郁闭类型是无规则郁闭，参见附图1-8。

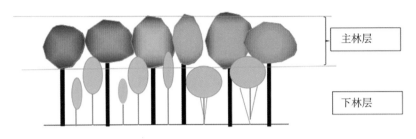

附图1-8　中林的两个林层

萌生树主干多数都是下段弯曲，叫"马刀弯"，现在南方有经营桉树二代林的，叫"弯头"。有"弯头"的原木，它的木材结构扭曲，只能用于削片造纸，无法用于加工锯材，参见附图1-9。

一个国家的森林资源如果萌生化了而又不加治理，那这个国家的森林资源的遗传品质就会退化，好种源会越来越少，森林平均高度矮化，鲜有通直主干者。

附图1-9　萌生树的基本形态是基部弯曲

20世纪60至80年代初，吴中伦团队在甘肃小陇山林区曾深入地观察统计这类问题。据他们的报告，多代萌生的锐齿栎速生期在6～9年之间，每公顷萌条和萌蘖可达7万株，但它们在头6年内会有一半死亡，6～10年内郁闭。随后第一次自然稀疏，死亡株数占郁闭时株数的66%。到20年时，下层小径木出现第二次自然稀疏，死亡量约占第一次的1/3。

显然，不从这个视角解读次生林，就永远也不懂得它是一个怎样的生命系统。按照乔木林的思维理解次生林，就会犯很多错误。这好比医生看不透病，用不同的主观想法反复折腾病人，就耽搁了他的健康。但一旦从萌生起源视角看待森林，一切都会很通透，还对林分发展具备了预见性。

树木的不同起源决定着林分的不同特性和发育轨迹。树木起源包含着天然次生林的全部密码。认知森林的基础视角是树木起源，这正是被我们长期忽视的。

2. 树木的两种起源组合成三种林分类型

树木的两种起源，就是实生和萌生。

这两种起源，会组合成三种林分类型：纯实生树组成乔林；纯萌生树组成矮林；两种起源混生组成中林。

把年龄因素考虑进去，就是幼龄、中龄和老龄，各自会出现3种情况，合计是9种情况。所有的次生林，理论上就是这9种情况。就是：

矮林：幼龄矮林；中龄矮林；老龄矮林。

中林：幼龄中林；中龄中林；老龄矮林。

乔林：幼龄乔林；中龄乔林；老龄乔林。

判断中林的林龄，以萌生树年龄为依据。

我们的天然次生林资源，都囊括在这9个模式里了，参见附图1-10。

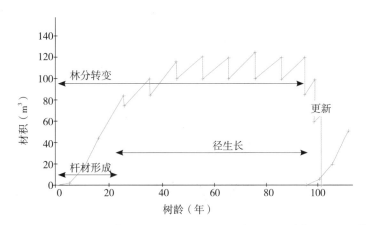

附图1-10 天然次生林经营的三个阶段，涵盖两种起源、三种类型、九种模式
(据法国信托银行森林公司2016年在华报告)

3. 科学的森林经营理念绝对不能忽视树木起源

从起源的视角认知天然次生林，就如同一把钥匙，可以轻易地打开次生林生态系统这把锁。很遗憾的是，多年以来我们没有找到这把钥匙！

我国有不少文献都论述了天然次生林的分类，有的说次生林分为公益林、商品林；有的说分为抚育间伐类、林分改造类、封育保护类、特殊利用类等。还有的教材谈到次生林类型划分，按发生时间分为早期次生林、中期次生林、晚期次生林；按发生地分为远山次生林、近山次生林。还提出按林分自然特征分、按生态因子分、按地形分、按经营措施分等等。但是这些天然次生林的理论都很少涉及树木起源。在1991年叶镜中、孙多出版了《森林经营学》，该书第9章讲了矮林和中林作业法，可惜没能深入到树木起源。东北林业大学陈大珂、周晓峰、祝宁等，1994年出版了《天然次生林——结构、功能、动态与经营》，对于我国东北地区天然次生林的结构、功能、演变动态等研究深度优于其他相关著作，但是也没有从起源视角认知次生林。该书第12章论述次生林经营，但主要介绍了欧洲的法正林、多功能林等知识，也谈到了"栽针保阔"，但没谈到次生林树木的起源问题。

迄今为止，我们对天然林这个领域，还处于茫然阶段。我们曾以为割灌就是天然林经营。其实，天然林经营是不需要割灌的，除非为了为帮助实生小苗而抑制周边杂灌。

木兰林场的近自然森林经营理念，就充分认识到了起源的重要性。在木兰林场，一般干部、职工都已经能够针对自己管理的林分，提出较为科学的经营方案。木兰林场按这个理论体系经营的林分，效果显著。

看附图1-11，这里是一片矮林，都是历史上长期砍伐以后形成的"蹲山猴"，几乎见不到实生树。它就在我们身边，可是我们却视而不见！

附图1-11 "蹲山猴"植被

附图1-12～附图1-15都说明了萌生林起源。

附图1-12 10～20年生、正处于剧烈自然稀疏期的幼龄矮林

附图1-13　老龄矮林

附图1-14　老龄中林，萌生树已经枯死

附图1-15　白桦林的萌生化

三、国内的次生林经营理论发展情况

　　人的思维一旦形成了固定的模式，很难改变。木兰林场经营理念和技术的转变就花费了很大力气。尤其是年龄较大的林业技术员，总是习惯于按照原来的想法经营森林，按照固定思维制定措施。就像20世纪50年代的德国，德国一批先觉林学家试图扭转19世纪以来形成的营造针叶纯林的思维，走向近自然林业，居然动用直升机撒传单。扭转一个定势思维，真的很难。

　　国内一部分林学家其实在很早就产生了次生林起源的思想萌芽，但是要让这个理论更加完善、让更多的人接受却需要一定的过程和时间。

以下我们简单整理一些论据，供参考。

1. 中国自己的林学瑰宝

陈嵘（附图1-16），我国的林学泰斗和祖师，1925—1952年任金陵大学森林系主任，1952—1971年任中央林业科学研究所所长，在近50年的历史时期内，他都是中国林学的领袖。他曾留学美国和德国，创立了中国农学会、中华林学会以及中国林学会。他就像德国的林学奠基人Gotta一样，也是中国林学的奠基人。他一生著作等身，他在1932年出版的《造林学概要》里，就很明确地把天然次生林区分为乔林、萌芽林、中林。

在他的主持下，中央人民政府高等教育部推荐高等学校教材《森林学（试用本）》中写道：

附图1-16　林学大家陈嵘

"由树桩的萌芽或根蘖而生成的林分谓之萌芽林。我们的大多数阔叶树——柞树、岑木、槭树、榉树、山杨、赤杨、椴树等，都是萌发形成的。

树桩的萌芽由根径休眠芽发生。这种休眠芽的数目常多至数十个。

萌芽林与种子林之差别在幼龄林时期特别显著。因为萌芽是从树桩和主根发生出来的，所以萌芽林就具有成群分布的特性。萌芽林的这种分布特性会随着林分自然稀疏渐渐丧失，而其他的性状，则保留得比较长久——如在靠近树桩之处，萌芽林呈马刀形弯曲。

萌芽林初期的生长较种子林的生长快许多倍，这是因为母树根部有现成的营养料。桦树一年生的实生苗，其高度仅几厘米，而桦树的一年生萌芽则能达到1米。萌芽林的生物学年龄与日历年龄有区别：50年生树桩上的一年生萌芽，事实上它的年龄是51年。

萌芽林最终不能达到种子林那样的高度。因此萌芽林也称矮林。种子林也称乔林。矮林的伐期龄比种子林要早得多。

由萌芽林和种子林组成的森林，谓之中林。这种森林的形成，是由于在采伐时，保留了一部分种子林木；在这种情况下，这些保留下来的种子林木谓之上木。"

中国科学院沈阳林土所（现中国科学院沈阳应用生态研究所）曹新孙教授，于20世纪60年代，在提出的"择伐林"理论中，比较准确地提出天然次生林按起源分为矮林、中林和乔林。他的这个"择伐林"理论，按现在的话讲就是异龄混交林。当时，刘慎谔、朱济凡、王战、沈鹏飞、吴中伦等几十位林学界先辈一致支持（附图1-17），曹先生毕业于法国前皇家林学院（南锡），他带回了法国林学大家们的思想。

王战先生有一个给高层的报告，叫《东北森林采伐与更新》。报告里提出了"采育择伐"理论，这个理论也带来了较好的效果。

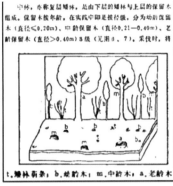

附图1-17　曹新孙和王战的林学

2006年中国林业出版社出版的由孟宪宇主编的《测树学》，定义也比较准确：

"无论天然林或人工林，按起源还可以分为实生林和萌生林。凡是由种子繁殖形成的林分称为实生林（seedling crop），包括天然下种、人工栽植实生苗或直播后长成的林分，针叶树大多形成实生林；由根株上萌发或或根蘖形成的新林，称作萌生林或萌芽林（spriut forest，sprout land）。一些具有无性更新能力的树种，当原有林木被采伐或受自然灾害（火烧、病虫害、风害等）破坏后，往往形成萌生林。"

一直到20世纪80年代，我国仍有林学教授坚持这些对于次生林的认知。

王礼先教授1989年翻译了奥地利学者迈耶尔的《造林学：以群落学和生态学为基础（第三分册）》，该书明确地把次生林划分为矮林、中林和乔林，提到了欧洲关于不同起源林分类型的郁闭模式，明确提出次生林经营的主要模式是"转变"（"改造"只适用于个别情况）。

20世纪60年代一直到80年代初，中国林业科学研究院以吴中伦为首的林业专家团队在甘肃省小陇山次生林区所做的20年研究，十分深刻地揭示了萌生起源的锐齿栎矮林的演替动态。这是一个研究次生林经营措施的大型案例，也曾在北方16省（自治区、直辖市）推广。

2．欧洲林学的教益

欧洲林学早在200年前，就把天然次生林区分为矮林、中林和乔林，并且成为欧洲林学的核心内容。做出主要贡献的是德国著名林学奠基人Gotta。

上个世纪，在欧洲，每个次生林类型的经营技术，都已经明确了。有一本手册叫《矮林的改进》，就专门论述矮林转变成乔林的技术，已连续再版(参见附图1–18左图)。

附图1–18右图是我们已收集的欧洲育林专著或教科书。已知法国、比利时、瑞士、奥地利等都是这个林学体系。我们研究过一个比利时课件"Sylviculture"，为查其作者，竟然追到了俄罗斯网站上，这才发现俄罗斯也是这个林学体系。

附图1-18　西欧诸国的核心林学著作

　　附图1-19是法国南锡林学院森林培育学教授Yves Ehrhart（伊夫·艾哈勒）于2018年4月，应北京中林联邀请，在北京林业大学举办的"新时代的林业科学"论坛上所做次生林经营理论报告的PPT，这个报告的题目是《温带天然次生林经营的理论框架和基本技术》。但遗憾的是，他精心编写的这个报告，被我国的人工林经营讨论挤到一边去，关注的人很少。

　　还有，附图1-10实际上是法国信托银行森林公司2016年在山西临汾的中法林业合作会议上所作报告中的一个图。这个报告也是以次生林树木的不同起源形成的矮林、中林如何经营为基础的。

附图1-19　法国林学教授在京讲解次生林起源及分类

　　需要指出，20世纪的德国，由于全社会都高度关注因19世纪后半叶全面破坏天然林而导致的森林针叶化问题（用半个世纪把全国99%的次生林都改造成了针叶纯林），所以二战以后的德国林学，早不存在天然次生林经营问题了，更多地关注人工针叶纯林的近自然转变。这就是德国七八十岁及更年轻的林业专家不懂这个问题的原因，这也是目前我国的森林经营实质上只关注人工林问题的根源。

　　法国等国家历史上没有大规模地用人工林取代天然次生林。他们坚持对次生林进行近自然转变，尊奉的箴言是"模仿自然法则，加速发育进程"。走这条路获得的收益并不低，同时生物多样性得以保护，国土景观保持优美。迄今，法国尚有600万hm²、占全法森林总面积36%的矮林和中林，还在"转变"成优质乔林的道路上。在欧洲，其他国家没有犯过德国那样的错误，基本都是法国、瑞士的路子。这条道路，虽然把矮林和中林转变成乔林是目标，但过程就是目的，过程中可产生各种效益。

我国的天然林面积占森林资源总面积的64%。我国的林情更接近法国。

这些年，有听取过欧洲专家报告的国内专家也感慨地说："原来以为我们的研究已经很到位了，现在才明白，我们的路子走偏了。"

四、我们用双脚解读了中国森林

一些人不相信我们的观点，甚至认为我们只是坐在家里遐想出来的。

但是，大家应当都知道，我们中多人，是生在林区、长在林区、工作在林区的。他们知道森林从种子到大树是怎么一个过程。

我们有一位作者，每年大约有1/4的时间在各地山中跑，每到一地，只逛山林。他多次一天爬三四座山，连续爬三四天。他曾经用10天时间坐汽车，从长沙去柳州，唯一目的是考察森林现状，平均每天坐车10个小时以上，他多次在无路的沟谷里走十几里。他也多次费力地挤进矮林树丛观察次生林结构。20世纪90年代，他曾在海南做项目12年，走遍了那里的山山水水（附图1-20、附图1-21）。

想起来，我国的主要山系，如六盘山、太行山、秦岭、大巴山、大别山、巫山、雪峰山、武夷山、南岭、大兴安岭、小兴安岭、长白山、台湾山区、海南岛山区、阿尔泰山、天山、祁连山、横断山等，都已在我们的脚下，甚至连喜马拉雅山南坡也走过。每一次进山，我们必定要爬到山上去，再钻进林子里。站在路边，我们一句话也说不出来。

历经这些考察后，我们共同确认了一个事实：我们的萌生林太多了。而这样的森林如何经营，这

附图1-20　在山西的山里

附图1-21　在广东河源天然次生林里

就需要我们自己去学习、去摸索（附图1-22、附图1-23）。

附图1-22　川西的高山栎矮林，半数的山坡都覆盖着这样的矮林

附图1-23　川西的高山栎矮林，这样广大面积的矮林是因为冬芽受到抑制形成的

　　我们的结论是，我国的传统农、牧业地区的天然林植被，无不是以萌生树为主。这个林情，比原来想象的要严重得多。我们发现，1000年前的清明上河图里的树木也都是萌生树。即便在都市，只要你有兴趣，抬眼便可看到萌生树。

　　以河北省木兰林场的天然林为例，萌生林占93.4%，实生林只占6.6%。从木兰林场的全部森林资源来看，木兰林场的乔林约占森林总面积的32.0%，矮林约占15.2%，中林约占52.8%。回头再看看附图1-11、附图1-12，山上都是历史上长期砍伐以后形成的老龄矮林，他们叫"蹲山猴"。

　　我国广大农区、牧区的天然次生林都是萌生林，这是我们用双脚读出来的。

（侯元兆）

木兰林管局——中国多功能森林经营的先行者

编者按：

海因里希·斯皮克尔（Heinrich Spiecker），世界著名的森林经营专家，德国弗莱堡大学森林生长研究所所长、教授，原国际林联欧洲代表，中国林业科学研究院现任特聘顾问。斯皮克尔教授是近自然森林经营的欧洲召集人，他多次到访中国，走南访北，通晓中国的林情。2012年，经中国林业科学研究院侯元兆研究员引荐，到木兰林管局（现木兰林场）进行为期一周的考察交流，木兰林管局的探索精神、敬业精神、执着追求给其留下了深刻的印象。自此，短短的3年内，他先后6次到木兰林管局专程考察交流和指导工作。本文是斯皮克尔教授在木兰林管局历时42天的考察交流后，有感而发，所写的一篇短评。

1. 引言

自1992年世界环境与发展大会提出可持续发展理念以来，世界掀起了发展模式改革的新篇章。无论是经济发展、社会变革还是政策制定，都围绕着可持续发展这一主题展开。林业其实是最早提出并将这一理念应用于实践的行业。林业的可持续发展，归根到底是实现森林的可持续经营。当今社会正处于社会变革期和快速发展期，中国是其中最主要的代表之一。中国经济社会的快速发展需要更多的资源，木材是其中最主要的资源之一，这对于人均森林资源占有量相对较少的中国森林来说是一个巨大的压力。同时，中国政府对生态建设的高度关注、人民大众对良好生态环境的迫切诉求，让中国的森林承担起了更多的功能与职能，这就迫切需要建设满足不同需求的多功能森林。这些年来，我到过中国许多地方，但是给我印象最深的是河北省的木兰林管局。下面是我的几点关于木兰林管局的认识与感想。

2. 进展

近3年来，我与木兰林管局进行了广泛而深入的交流。让人高兴的是，每次来都有新的、巨大的变化，特别是在推进森林的可持续经营方面，更是让人难以置信。他们将新理论、新技术都落实到了山头上，这种执行力让人钦佩。据我了解，他们每年的抚育任务高达1万hm^2，这对于基层林场来说，可不是一个小数字，并且是持续地推进。在做好森林经营工作的同时，他们还修建了高标准的林路，改善了基层的基础设施，为林区工作者提供了更便利舒适的生产生活条件以及帮助林区群众等等，可谓是全面发展，这就是一个林业企业敢于担负社会责任的具体体现。木兰林管局的发展，让我与我的德国同行看到了中国林业建设的广阔发展前景。木兰林管局的许多做法都非常具有开创性，我认为他们已经成为中国多功能森林经营的先行者。

先进森林经营理论的开拓者。理论—实践—理论，这是我们认识世界、改造世界的基本方法。森林经营同样如此。与其他地区引入近自然森林经营理论不同的是，木兰林管局一直致力于理论的具体实践与本土化。木兰林管局的近自然森林经营理论引入源于2008年，而在这之前，他们对传统的森林经营一直有着深刻的思索。因此，他们在引入先进理论的时候，不是照搬照抄，而是进行了深刻的思考，将先进理论与林区实际相结合，既引入理论，又注重实践，更强调了总结提升。关于这一点，在我参加的几次在木兰召开的研讨会上，得到了国家层面及各林业企业的普遍认可。这样产生的结果，就是他们提出了新的适宜本林区的经营理论——以目标树为构架的全林经营模式。它的意义在于：立足于中国木材资源短缺、劳动力日值相对较低（目前，德国$1m^3$中等质量木材的市场价格，相当于林业工人2个小时的工作薪酬；而在中国却相当于近50个小时的工作薪酬）的实际，充分发挥现有林木资源优势，确保林地保持较高的生产力，既能实现大径级木材储备的长远目标，又能通过全林抚育得到较好的中间收益，较好地解决了短期与长期的经济收益问题，能最大程度地调动森林经营者的积极性，这对于推动中国全面开展的森林抚育，向多功能森林方向发展具有更大的现实意义。可以说，木兰让先进理论的"种子"不但在中国本土"生根发芽"，而且还实现了"开花结果"。

先进森林经营技术的践行者。不同的理论体系需要不同的技术体系。近自然森林经营理论，强调的是对目标树的单株抚育和择伐作业。德国由法正林体系向近自然经营体系过渡经历了很长的磨合期，首先是理念的认同，然后是技术的改进。改变人的行为习惯很难，特别是对于林业工人，改变长久以来固化的模式很难。令人惊喜的是，在很短的时间内，新的理论与新技术同步在基层得到推广普及。他们采用的植苗造林、折灌幼抚作业等技术，相比传统的经营，每年可节约经费500余万元，特别是折灌作业，可谓是一劳永逸，避免了"割而复壮"的重复、无效作业，彻底解决了天然次生林经营的灌木问题。在与基层普通职工的交流中，他们经常会问我"目标树在不同的林分中标记的是否合理"等类似的问题，可见他们不是机械地开展工作，而是不断思考着经营森林，这是森林经营者最宝贵的品质。

中外森林经营交流的推动者。在与木兰林管局的交流中，他们对知识与人才的渴求、对理论的深刻把握、对经营技术的不断改进都给我留下了深刻的印象，但是对我触动最大的，是他们搭建了一个宽广的平台，一个让中外森林经营者可以交流的平台。自2012年我考察木兰林管局以来，就先后有印度的专家、奥地利的专家来参加现场交流会。据我了解，以前还有芬兰的专家、德国黑森州、巴伐利亚州的森林经营专家到木兰参观交流。木兰林管局在新理论、新技术的指导下，做了许多的示范样地，然后请各层级官方人士、中外学者参观交流，共同评议，博采众长，这种开放式的平台、这种兼容并蓄的包容态度，正是我们森林经营工作最需要的。我非常欣赏他们这一点。

3. 展望

基于我所参与的木兰的森林经营活动和我对木兰的了解，基于中方林业同行的评叙，我对木兰林管局的明天充满了希望与寄托，我认为以下几点他们一定会做得更好。

多功能森林经营的示范基地。木兰林管局的丰富森林资源以及多样的森林类型，为开展不同模式化的森林经营提供了有利条件与基础。木兰林管局的森林资源在中国北方地区来说，非常具有代表性，既有大面积的人工纯林，还有大面积的天然次生林，中国北方地区的各种森林类型大部分在这里都能找到。在开展森林经营的过程中，他们开展了一系列科学实验，做了一系列观测样地，有意思的是，他们将传统的森林经营模式与近自然森林经营模式进行了一系列对比试验，让参观者能够直观地感受二者的异同；同时，他们还对不同的经营模式进行了科学分析与系统总结，从而为不同的经营者的科学决策提供有益的参考与借鉴。中国国家林业和草原局与中国林业科学研究院在此开展的中国北方森林经营示范区建设，也正是基于上述做法。在中国政府的高位推动下，中外林业专家的广泛参与下，木兰林管局很有可能成为中国最具影响力的多功能森林建设示范基地。

森林经营培训的示范基地。中国地域广阔，森林资源丰富，类型多样，各地的经济发展水平不一，开展森林经营水平各异。目前，对于中国北方地区来说，其基本的森林经营思路与方针应是趋同的。木兰林管局所探索出来的理论与技术，对于目前的中国来说，是一笔宝贵的财富，应与更多的林业同行分享。我认为接下来，木兰林管局应在林业工人培训上多下功夫，让不同地区的更多林业工作者从理论认知到具体操作，都有显著的提升。这个基础夯实了，就会助推中国的森林经营向更高水平迈进。这种培训基地建设非常有意义，木兰林管局已经具备这个条件，并且一定能成为中国林业培训示范基地的样板。

森林生态文化的传播基地。森林是人类的发源地，人类对森林有着天然的感情。社会发展越进步、经济越发达，人类对生态环境的要求越高。多功能森林建设不仅能满足人类的资源需求、游憩需求，也是提高人类环保意识、生态意识的重要手段。木兰林管局是中国著名的皇家猎苑所在地，这里拥有悠久的生态文化。木兰林管局距离北京这个国际大都市仅340km，高速公路的贯通让这一距离变得更短了。在中国建设生态文明的背景下，木兰林管局要抓住这些优势，在开展多功能森林建设过程中，打造出有自己特色的森林文化，让更多的人感触自然、亲近自然，体会人与自然的和谐共生，让森林生态文化在更广范围传播，赢得更多人士关注、支持森林的可持续经营和多功能森林建设。

我有理由相信，这些展望在不久的将来一定能够实现，我也希望木兰林管局的林业同行继续沿着这条可持续发展之路走下去，让中德智慧在木兰的群山开出绚丽的花朵，结出丰硕的果实。

（海因里希·斯皮克尔）